WOLFGANG ORTMANNS

Entscheidungs- und Spieltheorie

Wolfgang Ortmanns

Entscheidungs- und Spieltheorie

Eine anwendungsbezogene Einführung

Zweite, überarbeitete Auflage

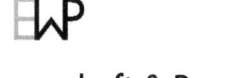

Edition Wissenschaft & Praxis

Bibliografische Information der Deutschen Nationalbibliothek

Die Deutsche Nationalbibliothek verzeichnet diese Publikation in
der Deutschen Nationalbibliografie; detaillierte bibliografische Daten
sind im Internet über http://dnb.d-nb.de abrufbar.

Umschlagbild: © Andrii Muzyka – stock.adobe.com

Alle Rechte vorbehalten
© 2023 Edition Wissenschaft & Praxis
bei Duncker & Humblot GmbH, Berlin
Satz: Textforma(r)t Daniela Weiland, Göttingen
Druck: CPI Books GmbH, Leck
Printed in Germany

ISBN 978-3-89673-786-1 (Print)
ISBN 978-3-89644-282-9 (E-Book)

Gedruckt auf alterungsbeständigem (säurefreiem) Papier
entsprechend ISO 9706 ♾

Internet: http://www.duncker-humblot.de

Vorwort zur 1. Auflage

Es gibt hervorragende Lehrbücher sowohl zur Entscheidungstheorie als auch zur Spieltheorie. Aber genau das ist ein Problem! Die meisten Autoren, die diese hervorragenden Bücher schreiben, sind in der Mathematik, der Statistik oder der theoretischen Volkswirtschaftslehre zu Hause. Und so, formal streng, lesen sich ihre Bücher auch. Dagegen ist nichts zu sagen, wenn man Student eines mathematiknahen Studienganges ist und wenn es hier nicht um etwas ginge, das uns alle angeht: Die Entscheidungstheorie und die Spieltheorie sind nämlich angewandte Wissenschaften. Ihr Instrumentarium ist ausgesprochen hilfreich in vielen Situationen in jedem Beruf, ja sogar in unserer aller Alltag! Entscheidungs- und Spieltheorie ist überall. Es ist ein mächtiges Werkzeug und ein persönlicher Erfolgsfaktor und deswegen wäre es sehr schade, wenn es nur eine Spielwiese für Mathematiker wäre.

Dieses Buch ist eine anwendungsbezogene Einführung. In jedem Abschnitt folgen nach wenigen allgemeinen Erläuterungen sogleich Beispiele, die zeigen, wie man konkrete Problemstellungen strukturieren kann, wo überall diese Instrumente hilfreich sind. Ein weiteres Problem ist die verbreitete Trennung in Entscheidungstheorie einerseits und Spieltheorie andererseits. Beides gehört aber zusammen: Die Entscheidungstheorie behandelt Spiele gegen den Zufall, die Spieltheorie Entscheidungen bei einem (oder mehreren) Gegenspielern. Wer sich mit Spieltheorie beschäftigt, ohne etwas über Entscheidungstheorie zu wissen, erschwert sich nur unnötig den Zugang, begrifflich und methodisch. Vieles in der Spieltheorie wird ganz einfach, wenn man den entscheidungstheoretischen Werkzeugkasten bereits kennt.

In diesem Buch werden wir zunächst die typischen Herangehensweisen der (älteren) Entscheidungstheorie möglichst anschaulich vermitteln und dann in die strategische Denkweise der (jüngeren) Spieltheorie übergehen. Wir beschränken uns weitgehend auf einfache Anwendungen. Die Beispiele sollen eine Anregung sein, was bereits damit alles lösbar ist. Und sie geben uns auch Hinweise auf typische Entscheidungsfehler, denn es geht nicht nur um Logik, sondern auch um Psychologie. Vielleicht werden Sie nach der Lektüre dieses Buches ihrer Intuition nicht mehr so vertrauen wie vorher; zu Ihrem Nutzen. In der Spieltheorie beschäftigen wir uns dann mit dem strategischen Denken und den hier typischen Lösungsmustern solcher Entscheidungsprobleme. Gegen Ende werden wir dann auch einen Einblick in anspruchsvollere Modelle aus dem Bereich der asymmetrischen Information geben.

Den mathematischen Anspruch halten wir so gering wie möglich. Mit Schulmathematik kommt man an den meisten Passagen des Buches aus. Aber selbst wem das noch zu viel ist, kann das Buch mit Gewinn lesen, da überall auch verbale

Erklärungen geliefert werden. So bietet unser Buch auch und gerade Praktikern die Möglichkeit, dieses Wissenschaftsgebiet kennenzulernen und sich auch anzueignen. Den Studierenden kann es einen Einstieg in die Materie bieten und durch den Anwendungsbezug die praktische Relevanz aufzeigen. Hier könnte das Buch als Aperitif wirken, um sich dann mit größerem Verständnis und Lust den formal anspruchsvolleren Büchern zu widmen.

In diesem Sinne wünschen wir allen unseren Lesern interessante Einblicke in einen höchst wichtigen Werkzeugkasten der modernen Managementlehre.

Dresden, im Sommer 2008 *Wolfgang Ortmanns*
Anke Albert

Inhaltsverzeichnis

I. Entscheidungstheorie 13

   1. Eine Einführung in die Entscheidungstheorie 13

   2. Einige einfache Entscheidungsregeln bei Entscheidungen unter Unsicherheit ... 15

   3. Entscheidungen und Wahrscheinlichkeiten (auch Entscheidung unter Risiko) ... 18

      3.1 Der Erwartungswert und wie man mit Wahrscheinlichkeiten (richtig) rechnet ... 18

      3.2 Wie man nach Tests bessere Wahrscheinlichkeiten erhält – das Bayessche Theorem 23

      3.3 Das Ziegenproblem und andere Fallen beim Denken in Wahrscheinlichkeiten ... 27

      3.4 Das μ-σ-Prinzip – oder warum man nicht nur auf den Erwartungswert schauen sollte 30

   4. Entscheidungen und der Entscheidungsnutzen 34

      4.1 Das Bernoulli-Prinzip und wie man seinen Nutzen messen kann 34

      4.2 Wie man nach dem Erwartungsnutzen individuell entscheiden kann 38

      4.3 Warum wir manchmal falsch entscheiden – Erkenntnisse der Entscheidungspsychologie 43

II. Spieltheorie 48

   1. Eine Einführung in die Spieltheorie 48

   2. Spiele mit einem Gleichgewicht (in reinen Strategien) 51

      2.1 Der Klassiker: Das Gefangenendilemma 51

      2.2 Wie man mit den „besten Antworten" zuverlässig Gleichgewichte findet ... 56

      2.3 Wie man bei stetigen Spielen Gleichgewichte findet 60

      2.4 Rationalität des Irrationalen – warum wir manchmal nicht rational sein sollten ... 64

   3. Spiele ohne Gleichgewicht (in reinen Strategien) 66

      3.1 Der Klassiker: Schnick-Schnack-Schnuck 66

      3.2 Wie man die richtige Mischung findet 69

   4. Spiele mit mehreren Gleichgewichten 73

      4.1 Der Klassiker: Kampf der Geschlechter 73

      4.2 Einige Überlegungen zur Gleichgewichtsselektion 75

5. Verhandlungsspiele (kooperative Spieltheorie) 79

    5.1 Wie man Verhandlungsergebnisse vorhersehen kann 79

    5.2 Lösungen von stetigen Verhandlungsspielen 83

6. Spiele mit asymmetrischer Informationsverteilung 87

    6.1 Warum Gleichgewichte bei unvollständiger Information problematisch sind   87

    6.2 Die Prinzipal-Agenten-Theorie und das Problem „adverse selection" 91

    6.3 Die Prinzipal-Agenten-Theorie und das Problem „moral hazard" 96

Quellenverzeichnis 105

Abbildungsverzeichnis

Abbildung 1:	Entscheidungsbaum des Bauern.	21
Abbildung 2:	Entscheidungsbaum des Bauern unter Berücksichtigung der bedingten Wahrscheinlichkeiten.	22
Abbildung 3:	Entscheidungsbaum der Bank.	25
Abbildung 4:	µ-σ-Diagramm.	31
Abbildung 5:	Susis Entscheidungsalternativen im µ-σ-Diagramm.	33
Abbildung 6:	Risikonutzenfunktion (RNF) bei Risikoaversion.	35
Abbildung 7:	RNF bei Risikoaffinität.	36
Abbildung 8:	RNF bei Risikoneutralität.	36
Abbildung 9:	Nutzenindifferenzkurve (NIK).	40
Abbildung 10:	Kapitalmarktlinie (KML).	41
Abbildung 11:	Optimale Anlageentscheidung.	42
Abbildung 12:	Wertefunktion.	45
Abbildung 13:	Spielbaumbeispiel.	57
Abbildung 14:	Spielbaum zum „Battle of the Bismarck Sea".	59
Abbildung 15:	„Beste-Antwort-Funktionen" der beiden Anbieter.	62
Abbildung 16:	Spielbaum zum Kampf der Geschlechter.	78
Abbildung 17:	Isogewinnkurven des Lieferanten.	85
Abbildung 18:	Isogewinnkurven des Händlers.	85
Abbildung 19:	Isogewinnkurven des Lieferanten und des Händlers.	85
Abbildung 20:	Spielbaum bei asymmetrischer Informationsverteilung.	89
Abbildung 21:	Z/A-Diagramm.	95

Tabellenverzeichnis

Tabelle 1:	Grundform der Entscheidungsmatrix	14
Tabelle 2:	Entscheidungsmatrix der Warenhauskette	15
Tabelle 3:	Strikt und schwach dominierte Strategien	16
Tabelle 4:	Grenzen des Dominanzkriteriums	16
Tabelle 5:	Kreditentscheidung einer Bank	18
Tabelle 6:	Kreditentscheidung einer Bank unter Berücksichtigung der Eintrittswahrscheinlichkeiten	20
Tabelle 7:	Entscheidungsmatrix des Bauern	20
Tabelle 8:	Entscheidungsmatrix des Bauern unter Berücksichtigung der Eintrittswahrscheinlichkeiten	21
Tabelle 9:	Entscheidungsmatrix des Bauern unter Berücksichtigung der bedingten Wahrscheinlichkeiten	22
Tabelle 10:	Entscheidungssituation der Bank nach Auskunft über die Zahlungsfähigkeit der Kunden	24
Tabelle 11:	Entscheidungsmatrix zum Ziegenproblem	28
Tabelle 12:	Susis Entscheidungsproblem	32
Tabelle 13:	Susis Erwartungsnutzen	38
Tabelle 14:	Susis Sicherheitsäquivalent	39
Tabelle 15:	Normalform der Spielmatrix	49
Tabelle 16:	Spielmatrix zum Gefangenendilemma	51
Tabelle 17:	Spielmatrix für die Straßenbeleuchtung	52
Tabelle 18:	Spielmatrix der Tankstellenpächter	53
Tabelle 19:	Spielmatrix zum wiederholten Gefangenendilemma	55
Tabelle 20:	Spielmatrix zum Eingangsbeispiel	56
Tabelle 21:	Spielmatrix zum „Battle of the Bismarck Sea"	58
Tabelle 22:	Spielmatrix für ein unplausibles NG	64
Tabelle 23:	Spielmatrix für Schnick-Schnack-Schnuck	67
Tabelle 24:	Spielmatrix für Schnick-Schnack-Schnuck mit Brunnen	68
Tabelle 25:	Spielmatrix der Autohersteller	69
Tabelle 26:	Indifferenzwahrscheinlichkeiten der Autohersteller	70
Tabelle 27:	Das Schwarzfahrerbeispiel	71
Tabelle 28:	Spielmatrix zum Kampf der Geschlechter	74
Tabelle 29:	Spielmatrix für die Fahrgäste des Aufzugs	74
Tabelle 30:	Spielmatrix der Anbieter	75

Tabellenverzeichnis

Tabelle 31:	Spielmatrix des Dyopols	76
Tabelle 32:	Spielmatrix der Firmen	77
Tabelle 33:	Spielmatrix der Firmen mit neuen Pay-offs	77
Tabelle 34:	Spielmatrix zur Straßenbeleuchtung	80
Tabelle 35:	Differenzenmatrix zur Straßenbeleuchtung	80
Tabelle 36:	Spielmatrix Verhandlungsspiele	81
Tabelle 37:	Verhandlungslösung beim Kampf der Geschlechter	82
Tabelle 38:	Hohe Kosten für Spieler 1	87
Tabelle 39:	Niedrige Kosten für Spieler 1	87
Tabelle 40:	Erwartungsnutzen des potentiellen Versicherungsnehmers	92
Tabelle 41:	Erwartungsnutzen bei verschiedenen Vertragsangeboten	93
Tabelle 42:	Wahrscheinlichkeiten zum Arbeitseinsatz der Agenten	97
Tabelle 43:	Nutzen für den Agenten	99
Tabelle 44:	LEN-Modell	103

I. Entscheidungstheorie

1. Eine Einführung in die Entscheidungstheorie

Wir alle treffen jeden Tag eine Fülle von Entscheidungen, bewusst oder unbewusst. Schon morgens, wenn wir aufwachen, ist die erste Entscheidung fällig: Aufstehen oder liegen bleiben? Wir wägen, mehr automatisch und routiniert als überlegt, die zukünftigen Konsequenzen ab. Meistens bedeutet das, lieber Aufstehen und zur Arbeit gehen. Die nächsten Entscheidungen folgen sogleich: Dünne Jacke, dicke Jacke? Mit Schirm oder ohne?

Nicht entscheiden geht nicht! Auch nichts tun ist schließlich (fast) immer eine Alternative, nicht immer eine gute, aber immerhin, es ist eben auch eine Möglichkeit. Im Unternehmen angekommen warten schon weitere Entscheidungssituationen auf uns. Wenn es nun schon so ist, dass wir ohnehin laufend Entscheidungen zu fällen haben, kann es nicht schaden, dies wenigstens bewusst zu tun, also unter Berücksichtigung der Instrumente und der Erkenntnisse, die die Entscheidungstheorie anzubieten hat. Darum geht es in diesem Buch: Zu zeigen, wie wir „gute" Entscheidungen treffen können. Übersetzen wir gut mit rational, was macht dann eine gute Entscheidung aus?

Wir können folgende Merkmale aus der Literatur[1] identifizieren:

– Sie steht im Einklang mit unseren Zielen und Präferenzen.
– Sie beruht auf realistischen Erwartungen.
– Sie beruht darauf, zukünftige Konsequenzen, und eben nur die zukünftigen Konsequenzen, zu berücksichtigen.
– Sie ist indifferent gegenüber der Darstellung des Entscheidungsproblems.

Vermutlich werden Sie gegen diese Definition keine Einwände haben. Aber auch vernunftbegabte Menschen handeln intuitiv keineswegs immer danach. Darüber wird noch die Rede sein. So dürfte ein Aktienbesitzer die Entscheidung, ob er verkaufen will oder nicht, eigentlich nur davon abhängig machen, wie er die zukünftige Entwicklung realistisch einschätzt. Tatsächlich wird er sich aber häufig auch fragen: Zu welchem Kurs habe ich denn früher mal gekauft, bin ich im Plus oder im Minus? Und diese Überlegung (die entscheidungstheoretisch völlig irrelevant ist) kann aus der rationalen eine irrationale Entscheidung machen.

---

[1] Eisenführ/Weber: Rationales Entscheiden, 2003, S. 4 ff.

Während bei der eigentlichen Entscheidungstheorie das Ergebnis immer von unsicheren Umweltzuständen abhängig ist (sonst wäre es eine Entscheidung unter Sicherheit, was wir hier aber nicht behandeln wollen), ist sie in der Spieltheorie abhängig von den Entscheidungen Anderer, wie etwa beim Schachspiel. Die Spieltheorie ist also nichts Anderes als eine besondere Form der Entscheidungstheorie. Andersherum ist das Ergebnis eines Roulettespiels nicht von Anderen abhängig, so dass dieses Glücksspiel kein Thema der Spieltheorie, sondern der Entscheidungstheorie ist. Entscheidungstheorie ist also auch eine Form von „Spieltheorie", nämlich für Glücksspiele. Wir wollen deshalb, anders als in der gängigen Literatur, auch beides zusammen behandeln, denn Spieltheorie kann man besser verstehen mit Hilfe der Kenntnisse aus der Entscheidungstheorie und eine Entscheidungstheorie ohne Spieltheorie ist nur eine unvollständige Entscheidungslehre.

Es geht im Wesentlichen darum, Strukturen zu finden, um ein Entscheidungsproblem zu lösen. Dabei existieren folgende gemeinsame Basiselemente für alle Probleme:

Handlungsalternativen (H): Ein Entscheidungsproblem hat mindestens zwei Handlungsalternativen, wenn man keine Wahl hat, gibt es auch nichts zu entscheiden. Bedenken Sie dabei bitte, dass auch Nichtstun eine Handlungsalternative ist.

Umweltzustände (UW): Dies sind Situationen, die nach der Wahl der Handlungsalternativen eintreffen können, ohne dass sie der Entscheidende beeinflussen kann. Sie haben aber Einfluss auf:

Ergebnisse (E): Dies sind die Folgen der Handlung, z. B. in Form von subjektiven Nutzen oder objektiven Größen wie Gewinn oder Umsatz, wie sie bei den Umweltzuständen eintreffen können. Man nennt sie auch die *Pay-offs*!

Üblich ist es nun, dies alles in einer *Entscheidungsmatrix* darzustellen (Tabelle 1):

Tabelle 1
Grundform der Entscheidungsmatrix

	UW_1	UW_1	...	UW_1
H_1	E_{11}	E_{12}	...	E_{1n}
H_2	E_{21}	E_{22}	...	E_{2n}
...	...	...	...	...
H_m	E_{m1}	E_{m2}	...	E_{mn}

Die Handlungsalternativen werden in den Zeilen dargestellt. Dabei ist darauf zu achten, dass es sich um sich ausschließende Alternativen handelt. Sollte man z. B. H1 und H2 zusammen ausführen können, so wäre das eine zusätzliche Handlungsalternative, die in einer neuen Zeile aufzuführen wäre. Die Spalten stellen alle denkbaren Umweltzustände dar, die die Ergebnisse beeinflussen. Diese Ergebnisse finden sich in den Feldern der Matrix wieder. Wichtig ist natürlich noch, dass man eine Zielvorstellung für die Ergebnisse hat, also will man ein Maximum oder ein Minimum erreichen. In unseren Beispielen geht es meist um maximalen Nutzen oder Gewinn, aber es könnte sich ja auch um die Kosten verschiedener Produktionsverfahren handeln, und die will man natürlich minimieren.

Als Beispiel für ein Entscheidungsproblem betrachten wir eine Warenhauskette, die vor der Alternative steht, im neuen Geschäftsjahr zusätzliche Filialen zu eröffnen, Filialen zu schließen oder nichts zu tun. Ergebnis ist hier der zu maximierende Gewinn. Die Umweltzustände liegen in der konjunkturellen Entwicklung, die einen Aufschwung, Abschwung oder Stagnation bringen kann. Die Entscheidungsmatrix sei:

Tabelle 2
Entscheidungsmatrix der Warenhauskette

	Aufschwung	Abschwung	Stagnation
Filialen eröffnen	150	90	60
Filialen schließen	120	100	80
Nichts tun	110	95	90

Wie also sollte man sich in dieser unsicheren Situation entscheiden? Dazu betrachten wir im nächsten Kapitel zunächst einige sehr einfache (mögliche oder vielleicht auch unmögliche) Regeln.

2. Einige einfache Entscheidungsregeln bei Entscheidungen unter Unsicherheit

Die einfachste Entscheidungsregel ist zugleich die wichtigste. Sie ist, wenn möglich, immer anzuwenden. Jedes Entscheidungsproblem ist deshalb zunächst daraufhin zu untersuchen, ob sich damit bereits eine Lösung oder zumindest eine Vereinfachung ergibt. Es ist die *Dominanzregel*[2] und sie lautet: Wähle die dominante Strategie, eliminiere dominierte Strategien.

---

[2] Vgl. z. B. Laux: Entscheidungstheorie, 2003, S. 105.

Was bedeutet Dominanz? Schauen wir uns dazu Tabelle 3 an:

Tabelle 3
Strikt und schwach dominierte Strategien

	U_1	U_2	U_3
H_1	100	80	50
H_2	90	75	50
H_3	95	70	40

Strategie H1 liefert in jedem Umweltzustand ein besseres Ergebnis als H3. Es liegt strikte Dominanz von H1 gegenüber H3 vor und damit ist H3 eine strikt dominierte Strategie. Gegenüber H2 liefert H1 einmal ein genau gleiches Ergebnis und in den beiden anderen Umweltzuständen jeweils ein besseres Ergebnis. Dies bezeichnet man als schwache Dominanz: H2 wird schwach dominiert von H1. Für die Lösung der Situation ist es hier nicht wichtig, ob es sich um schwache oder strikte Dominanz handelt. Die Strategien H2 und H3 sind dominiert von H1 und können aus der Matrix eliminiert werden. H1 ist die dominante Strategie, weil sie alleine übrig bleibt. Betrachten wir nun Tabelle 4:

Tabelle 4
Grenzen des Dominanzkriteriums

	U_1	U_2	U_3
H_1	100	90	70
H_2	90	75	75
H_3	100	70	40

Hier gibt es eine schwache Dominanz von H1 gegenüber H3. Aber zwischen H1 und H2 kommen wir mit diesem Kriterium nicht weiter, mal ist H1 besser, mal H2. So kann das Problem zwar nicht gelöst werden, aber es vereinfacht sich zumindest dadurch, dass man die schwach dominierte Strategie H3 eliminieren kann. Sie kommt keinesfalls als Lösung in Frage. Rational gibt es keinen Grund, eine dominierte Strategie zu wählen.

Leider hilft uns diese Erkenntnis bei dem Problem mit der Warenhauskette aus dem vorangegangen Abschnitt nicht weiter. Keine Strategie ist dominant und es gibt nicht einmal eine dominierte Strategie, die man schon mal zur Vereinfachung heraus streichen könnte. Wir sind also hier noch keinen Schritt weitergekommen.

Die Entscheidungstheorie kennt noch eine Reihe anderer Regeln, die aber alle nicht diese objektive Qualität des Dominanzkriteriums haben. Sie sind abhängig von subjektiven Einstellungen.

Beim *Maximax-Kriterium* wählt man die Alternative, bei der das maximal mögliche Ergebnis maximiert wird. Einfacher gesagt, man wählt die Alternative, bei der das absolute Maximum des Entscheidungsproblems erreicht werden kann. Für die Warenhauskette ist das Beste aller möglichen Ergebnisse der Wert 150 und dieser kann nur erreicht werden, wenn man sich für H1 entscheidet. Es ist das Kriterium des absoluten Optimisten und hat mit der guten Tradition von kaufmännischer Vorsicht nichts zu tun. Wer so entscheidet und alle Risiken ausblendet, wird vermutlich schnell Pleite gehen.

Das Gegenteil davon ist das *Maximin-Kriterium*[3], dem schon eine etwas größere Relevanz zuzumessen ist. Hier wählt man die Alternative, deren schlechtestes Ergebnis von allen schlechten Ergebnissen noch das Beste ist. Man betrachtet also das Minimum jeder Zeile und wählt dann die Handlungsalternative mit dem höchsten Minimum. Für die Warenhauskette wäre das H3. Das Schlimmste was bei H3 passieren kann sind 90, bei A1 wäre es 60 und bei A2 sind es 80. Das ist natürlich ein Kriterium für den Pessimisten, der immer davon ausgeht, dass sowieso das Schlimmste eintreten wird. Wer stur nur diese Regel anwendet, wird wohl viele Chancen verpassen. Dennoch: Ganz so dumm ist es nicht. Es ist durchaus anzuraten sich immer die Frage zu stellen, was kann als Schlimmstes passieren, wenn ich mich zu einer Handlung entschließe und: Bin ich in der Lage dies zu überstehen? Im Risikomanagement nennt man diese Überlegung das Risikotragfähigkeitskalkül. Der „worst case" darf nicht existenzgefährdent sein. So sollte man die Idee, die hinter dem Maximinkriterium steckt, zwar nicht unbedingt als Entscheidungsregel sehen, sie aber wie eine Nebenbedingung mit einfließen lassen.

Maximin- und Maximax-Regel sind zwei extreme Regeln, die aber sehr schnell angewendet werden können. Beim *Hurwicz-Kriterium*[4] versucht man es mit einem Mittelweg, indem man das beste und das schlechteste Ergebnis berücksichtigt und daraus einen gewichteten Durchschnitt bildet. Die Gewichtung erfolgt mit einem individuellen Optimismusparameter. Das macht diese Regel allerdings so subjektiv, dass sie praktisch unbrauchbar ist. Wer kann schon zuverlässig seinen Optimismus in einem Zahlenwert ausdrücken? Ebenso mehr originell als praxisrelevant ist die Lösung von *Savage-Niehans*[5], bei der man die Strategie wählt, bei der die spätere Enttäuschung über entgangene Gewinne möglichst klein bleibt. Man nennt sie auch die Regel des minimalen Bedauerns. Wir wollen hier aber nicht näher darauf eingehen.

---

[3] Wald, A.: Statistical Decision Functions, 1950.
[4] Hurwicz, L.: Optimality Criteria for Decision-Making under Ignorance, in: Cowles Commission Paper, Statistics, No. 370, 1951.
[5] Savage, L. J.: The Theory of Statistical Decisions, in: Journal of the American Statistical Association (46), 1951, S. 55–67 und Niehans, J.: Zur Preisbildung bei ungewissen Erwartungen, in: Schweizerische Zeitschrift für Volkswirtschaft und Statistik (84), 1948, S. 433–456.

Interessanter ist da schon das *Laplace-Kriterium*[6]. Hier werden endlich einmal alle möglichen Umweltzustände berücksichtigt und davon der Durchschnitt gebildet. Gewählt wird dann die Strategie mit dem höchsten Durchschnittswert. Bei unserer Warenhauskette sind dann H1 und H2 mit einem Durchschnitt von je 100 gleichwertig und H3 ist mit 98,3 abzulehnen. Insbesondere bei wiederholten Entscheidungen ist diese eine gute Regel, sofern eine Annahme erfüllt ist: Alle Umweltzustände müssen gleich wahrscheinlich sein! Ist das nicht der Fall, sind Fehlentscheidungen vorprogrammiert.

Dies zeigt das folgende Beispiel einer Bank, die über Kreditanträge zu entscheiden hat (Tabelle 5). Der Kredit geht über ein Jahr und betrage 1.000 Geldeinheiten, die mit 10% Zinsen zurückzuzahlen sind. Vernachlässigen wir mal die Refinanzierungs- und sonstigen Kosten der Bank, erzielt sie also 100 Geldeinheiten Zinsgewinn, wenn der Kunde den Kredit ordnungsgemäß zurückzahlt. Wird der Kreditnehmer zahlungsunfähig, sind die 1.000 Geldeinheiten verloren.

Tabelle 5
Kreditentscheidung einer Bank

	Kunde zahlt	Kunde zahlt nicht	Ø
Kreditzusage	+ 100	– 1000	– 450
Kreditabsage	0	0	0

Wir sehen, dass nach dem Laplace-Kriterium die Bank den Kredit ablehnen müsste. Tatsächlich würden Banken nie Kredite vergeben, allenfalls zu Wucherzinsen, wenn sie davon ausgehen müssten, dass die Wahrscheinlichkeit, dass der Kunde zahlt genauso groß ist wie ein Kreditausfall. Wenn wir die Rationalitätsanforderung der realistischen Erwartung erfüllen wollen, ist es notwendig, sich mit den Eintrittswahrscheinlichkeiten der Umweltzustände zu befassen und das wollen wir ab dem nächsten Kapitel dann auch tun.

3. Entscheidungen und Wahrscheinlichkeiten (auch Entscheidung unter Risiko)

3.1 Der Erwartungswert und wie man mit Wahrscheinlichkeiten (richtig) rechnet

Wenn wir die Umweltzustände eines Entscheidungsproblems mit den Eintrittswahrscheinlichkeiten (p) gewichten, erhalten wir das wohl wichtigste Kriterium der Entscheidungstheorie, den *Erwartungswert*, auch nach seinem „Erfinder", dem

---

[6] Laplace, P.S.: Théorie analytique des probabilités, Paris, 1812.

englischen Geistlichen Thomas Bayes (1702–1761), als das *Bayes-Kriterium* bezeichnet[7]. Für den Erwartungswert hat sich der griechische Buchstabe m (sprich Mü) eingebürgert. Als Formel schreibt man:

$$\text{Erwartungswert } \mu = \sum p(x_i) \times x_i$$

Das Erwartungswertkriterium schließt die Laplace-Regel für den Sonderfall mit ein, dass alle Umweltzustände genau gleich wahrscheinlich sind.

So bedeutsam dieses Kriterium auch ist, gute Entscheidungen fällt man damit nur, wenn man realistische Werte für die Wahrscheinlichkeiten einsetzt und das kann knifflig sein. Grundsätzlich verstehen wir unter Wahrscheinlichkeit für den Eintritt eines Zustandes das Verhältnis der günstigen Ereignisse zu allen möglichen Ereignissen:

$$\text{Wahrscheinlichkeit } p = \frac{\sum g\ddot{u}nstige\ Ereignisse}{\sum m\ddot{o}gliche\ Ereignisse}$$

Der Wert der Wahrscheinlichkeit ist demnach kleiner 1. Die 1 steht für ein sicheres Ereignis. Man unterscheidet nun objektive und subjektive Wahrscheinlichkeiten. Objektiv ist eine Wahrscheinlichkeit nur dann, wenn sie sich mathematisch-statistisch eindeutig bestimmen lässt. Die Wahrscheinlichkeit beim Würfeln eine „6" zu würfeln ist objektiv und beträgt nach obiger Formel 1/6. Ein Wert, die Zahl „6", ist günstig und insgesamt hat ein Würfel sechs Seiten, auf die er fallen kann. Beim Roulette gibt es 18 rote und 18 schwarze Zahlen und die grüne Null. Die Wahrscheinlichkeit für eine rote Zahl ist 18/37. Außer bei solchen Glücksspielen gibt es aber fast nirgends objektive Wahrscheinlichkeiten. Muss man diese schätzen, sprechen wir von subjektiven Wahrscheinlichkeiten. Man sollte aber versuchen, dabei so realistisch wie möglich vorzugehen, denn die Güte unserer Entscheidung ist extrem davon abhängig wie „gut" wir die Wahrscheinlichkeiten bestimmt haben.

Unsere Warenhauskette könnte z. B. Expertenmeinungen und Gutachten zu zukünftigen wirtschaftlichen Entwicklungen einholen. Unsere Bank aus dem vorherigen Kapitel könnte Wahrscheinlichkeiten für die Zukunft aufgrund von Häufigkeiten aus der Vergangenheit annehmen. Nehmen wir an, die Bank weiß aus ihren historischen Daten, dass 5 % der Kunden ihren Kredit nicht zurückgezahlt haben, dann kann man diese objektiven Vergangenheitsdaten als Schätzung der zukünftigen (subjektiven) Wahrscheinlichkeiten heranziehen. Es sei denn, es gibt gute Gründe, dass diese Werte in der Zukunft eher kleiner oder größer sein werden. Man darf Häufigkeiten nicht mit objektiven Wahrscheinlichkeiten verwechseln, aber oft handelt es sich dabei um eine realitätsnahe Annahme, insbesondere wenn man nichts Anderes hat.

---

[7] Bayes, Thomas: An Essay Towards Solving a Problem in the Doctrine of Chances, in: Philosophical Transactions 53, 1763.

Damit stellt sich das Entscheidungsproblem der Bank nun wie in Tabelle 6 dar. Die Bank wählt die Handlung mit dem höchsten Erwartungswert, wird also den Kredit genehmigen.

Tabelle 6
Kreditentscheidung einer Bank unter Berücksichtigung der Eintrittswahrscheinlichkeiten

	Kunde zahlt $p = 0,95$	Kunde zahlt nicht $p = 0,05$	Erwartungswert μ
Kreditzusage	+ 100	– 1000	45
Kreditabsage	0	0	0

Nicht mehr ganz so einfach ist die Rechnung im folgenden Beispiel: Bauer Müller überlegt, ob er ein neues Stück Land kaufen soll oder nicht. Die Ernteerträge, die er damit erzielen kann, können durch Dürre oder Schädlinge vernichtet werden. Seinen möglichen Gewinn zeigt Tabelle 7:

Tabelle 7
Entscheidungsmatrix des Bauern

	Ernteausfall	Ernteeinfuhr
Land kaufen	– 500	200
Nicht kaufen	0	0

Es gibt keine dominante Entscheidung, der Erwartungswert wird von den noch zu bestimmenden Wahrscheinlichkeiten der Umweltzustände abhängen. Müller informiert sich beim Landwirtschaftsministerium über Häufigkeiten von Dürre und Schädlingsbefall und benutzt diese Informationen als subjektive Wahrscheinlichkeiten. Er erfährt, dass in 15 von 100 Jahren eine Dürre kam (p(D)= 0,15 und p(D⁻)= 0,85) und in 20 von 100 Jahren Schädlingsbefall eintrat (p(S)= 0,2 und p(S⁻)= 0,8). Nun haben wir es mit zusammengesetzten Wahrscheinlichkeiten zu tun, die wir am Besten in einem Baumdiagramm darstellen (Abbildung 1).

Ausgehend vom ersten Wahrscheinlichkeitsknoten (●) stellen wir zunächst die Ereignisse Dürre oder Nicht-Dürre dar, dann jeweils Schädlinge und Nicht-Schädlinge. Jedem Ast können wir die entsprechenden Wahrscheinlichkeiten zuordnen. Am Ende stehen 4 Ergebnisknoten (◂). Bei einer „Und-Verknüpfung" der Aussage wie hier, können wir die Wahrscheinlichkeiten durch Multiplikation der Einzelwahrscheinlichkeiten bestimmen (Multiplikationssatz der Wahrscheinlichkeitsrechnung). Für unsere Entscheidungsmatrix brauchen wir nur zwei Wahrscheinlichkeiten, weil es uns egal sein kann, ob die Ernte durch Dürre oder durch Schädlinge oder durch beides vernichtet wurde. Nach unserer Rechnung wird

3. Entscheidungen und Wahrscheinlichkeiten   21

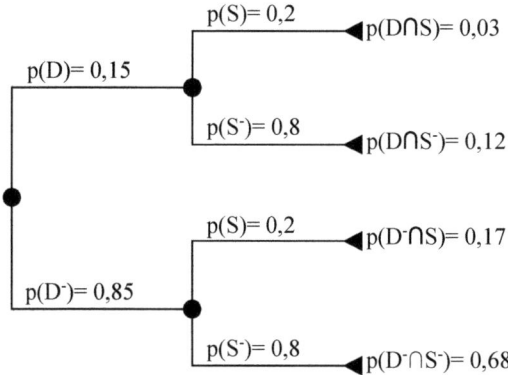

Abbildung 1: Entscheidungsbaum des Bauern.

Bauer Müller mit 0,68 (also 68%) die Ernte einfahren und mit 0,32 wird sie vernichtet. Setzen wir diese Wahrscheinlichkeiten in die Entscheidungsmatrix ein, ergibt sich für den Kauf ein negativer Erwartungswert, Müller sollte also besser nicht das Land erwerben.

Tabelle 8
Entscheidungsmatrix des Bauern unter Berücksichtigung der Eintrittswahrscheinlichkeiten

	Ernteausfall $p = 0{,}32$	Ernteeinfuhr $p = 0{,}68$	Erwartungswert μ
Land kaufen	−500	200	−24
Nicht kaufen	0	0	0

Haben wir alles richtig gemacht? Vermutlich nicht! Oder sagen wir es so: Die Rechnung stimmt, wenn es sich um stochastisch unabhängige Ereignisse handeln würde, wenn also Dürre und Schädlinge nichts miteinander zu tun haben. Ein durch eine Dürreperiode geschwächtes Feld ist aber auch anfälliger für Schädlingsbefall. Realistischerweise müssen wir von sog. *bedingten Wahrscheinlichkeiten* (Likelihoods) ausgehen. Deswegen schicken wir Bauer Müller nochmals ins Landwirtschaftsministerium, damit er dort auch die richtigen Fragen stellt. Er erhält folgende Auskünfte:

In Dürrejahren kam es in 54% dieser Jahre zu Schädlingsbefall.

In Formeln: $p(S \mid D) = 0{,}54$

In normalen Jahren kam es nur in 14% der Jahre zu Schädlingsbefall.

In Formeln: $p(S \mid D^-) = 0{,}14$

22   I. Entscheidungstheorie

Die Formelausdrücke stehen für die bedingten Wahrscheinlichkeiten und man liest das so: Die Wahrscheinlichkeit, dass das Ereignis Schädling auftritt, wenn vorher das Ereignis Dürre aufgetreten ist, beträgt 0,54.

Die vorherige Auskunft, nachdem es in 20 % der Jahre Schädlinge gab, war nicht falsch, sie stimmt im Durchschnitt, aber eben nur im Durchschnitt und den können wir für dieses Problem gerade nicht gebrauchen.

Wir zeichnen unser Baumdiagramm noch einmal, diesmal mit den bedingten Wahrscheinlichkeiten (Abbildung 2).

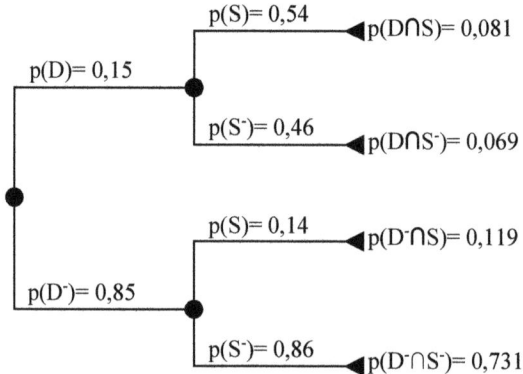

Abbildung 2: Entscheidungsbaum des Bauern unter Berücksichtigung der bedingten Wahrscheinlichkeiten.

Nun sehen wir nach Anwendung des Multiplikationssatzes, dass die Wahrscheinlichkeit für eine eingefahrene Ernte doch bei 73,1 % liegt. Und die Entscheidungsmatrix liefert nun für den Kauf des Landes einen positiven Erwartungswert.

Tabelle 9
Entscheidungsmatrix des Bauern unter Berücksichtigung der bedingten Wahrscheinlichkeiten

	Ernteausfall $p = 0,269$	Ernteeinfuhr $p = 0,731$	Erwartungswert
Land kaufen	– 500	200	11,7
Nicht kaufen	0	0	0

Das Erwartungswertkriterium ist also nicht viel Wert, wenn wir das Arbeiten mit Wahrscheinlichkeiten nicht richtig beherrschen. Es ist einerseits eine Frage der richtigen Rechenoperation, anderseits eine Frage der Güte der Information. Beides muss stimmen. Um die Informationsgüte zu verbessern, werden oft Tests gemacht oder zusätzliche Informationen eingeholt, wobei dann wiederum auf die richtige rechnerische Handhabung zu achten ist. Davon handelt das nächste Kapitel.

3.2 Wie man nach Tests bessere Wahrscheinlichkeiten erhält – das Bayessche Theorem

Um die Wahrscheinlichkeitszuordnung treffsicherer zu machen und damit den Erwartungswert zu steigern, könnte unsere Bank eine zusätzliche Auskunft über den Kreditantragsteller einholen. Die Ausgangswahrscheinlichkeit für einen zahlungsfähigen (guten) Kunden war $p(M) = 0{,}95$ und für einen zahlungsunfähigen (schlechten) Kunden galt $p(M^-) = 0{,}05$.

Dies bezeichnet man als die a priori Wahrscheinlichkeit dafür, dass ein Element der Grundgesamtheit (hier alle Antragsteller) Merkmalsträger (M) „guter Kunde" ist oder eben nicht (M^-). Die Bank testet nun die Qualität der Auskunftsdaten zunächst einmal, indem sie diese mit ihren schon existierenden Kundendaten abgleicht. Dabei stellt sie Folgendes fest:

Die guten Kunden hätten zu 96,84 % eine positive Auskunft erhalten. Die bedingte Wahrscheinlichkeit für eine positive Auskunft (POS) bei guten Kunden ist also

$$p\,(POS \mid M) = 0{,}9684.$$

Die schlechten Kunden hätten zu 80 % eine negative Auskunft (NEG) erhalten. Dann ist:

$$p\,(NEG \mid M^-) = 0{,}8.$$

Außerdem können wir daraus zwei Fehlerwahrscheinlichkeiten ableiten. Denn wenn 96,84 % der guten Kunden eine positive Auskunft erhalten hätten, bedeutet dies auch, dass es für 3,16 % dieser Kunden fälschlicherweise eine negative Auskunft gegeben hätte und 20 % der schlechten Kunden hätten trotzdem eine positive Auskunft bekommen.

$$p = (NEG \mid M) = 0{,}0316$$

$$p = (POS \mid M^-) = 0{,}2$$

Die Bank interessiert aber beim zukünftigen Einsatz der Auskunft eigentlich etwas Anderes, nämlich z.B. wie hoch die Wahrscheinlichkeit ist, dass jemand mit positiver Auskunft auch ein „guter Kunde" ist. Gesucht ist also die bedingte Wahrscheinlichkeit für „guter Kunde" nach positiver Auskunft.

Man muss aufpassen, dass man da nichts miteinander verwechselt. Die Wahrscheinlichkeit, dass ein „guter Kunde" eine positive Auskunft erhält, ist eben nicht dasselbe wie die Wahrscheinlichkeit, dass man nach einer positiven Auskunft auch ein „guter Kunde" ist.

Um ein besseres Verständnis dafür zu erzielen, machen wir es konkret und stellen uns vor, dass die Bank eine Grundgesamtheit von 10.000 potentiellen Kunden bedient.

Wir wissen, dass a priori von den 10.000 Kunden 9.500 gute Kunden sind und 500 schlechte. Auch wissen wir, dass von den 9.500 guten Kunden 96,84 %, das sind gerundet 9.200, eine positive Auskunft erhalten. Von den 500 schlechten Kunden erhalten auch noch 20 %, also 100, eine positive Auskunft. Somit erhalten also 9.300 eine positive und 700 Kunden eine negative Auskunft.

Tabelle 10
Entscheidungssituation der Bank nach Auskunft über die Zahlungsfähigkeit der Kunden

	Positive Auskunft	Negative Auskunft	Summe
Gute Kunden	9200	300	9500
Schlechte Kunden	100	400	500
Summe	9300	700	10.000

Wir sehen in der Tabelle, dass von den 9.300 Kunden mit positiver Auskunft 9200 „gute Kunden" sind. Dann ist also:

$$p(M \mid Pos) = \frac{9200}{9300} = 0,989$$

Bekommt ein Kunde eine positive Auskunft, so ist er mit 98,9 % Wahrscheinlichkeit ein „guter Kunde". Diese ist die a posteriori Wahrscheinlichkeit für „guter Kunde", also die Wahrscheinlichkeit, die nach dem positiven Test dem Umweltzustand „guter Kunden" zugeschrieben werden kann.

Man kann sich die anschauliche Tabelle auch sparen und gleich auf die bekannte Formel des *Bayesschen Theorems* zurückgreifen, um die a posteriori Wahrscheinlichkeit zu bestimmen. Sie lautet[8]:

$$p(M \mid Pos) = \frac{p(M) \times p(POS \mid M)}{p(M) \times p(POS \mid M) + p(M^-) \times p(POS \mid M^-)}$$

Und führt hier zu dem schon bekannten Ergebnis:

$$p(M \mid Pos) = \frac{0,95 \times 0,9684}{0,95 \times 0,9684 + 0,05 \times 0,2} = 0,989$$

---

[8] Vgl. Eisenführ/Weber: Rationales Entscheiden, 2003, S. 170.

3. Entscheidungen und Wahrscheinlichkeiten

Entsprechend kann man ausrechnen, dass die Wahrscheinlichkeit für „schlechter Kunde" bei negativer Auskunft bei ca. 57,1 % liegt.

Nun wollen wir aber noch prüfen, ob es sich für die Bank wirklich lohnt, diese Auskunft einzuholen und wie sich der Erwartungswert verändert. Dazu zeichnen wir einen Entscheidungsbaum, bei dem nun ■ die Entscheidungsknoten der Bank sind (Abbildung 3):

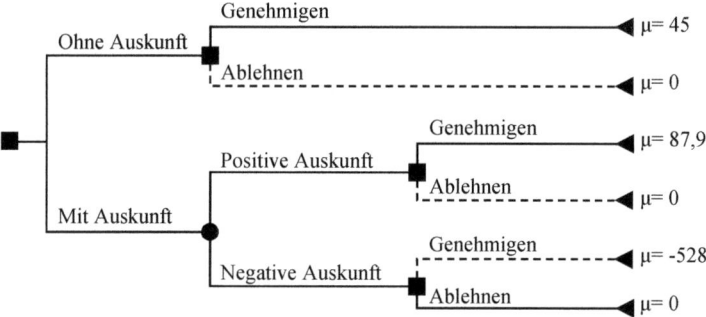

Abbildung 3: Entscheidungsbaum der Bank.

Die erste Entscheidung ist die, ob man nun eine Auskunft einholen will oder nicht. Holt man keine Auskunft ein, kann man genehmigen oder ablehnen. Aufgrund der a priori Wahrscheinlichkeiten, ergibt sich für „genehmigen" der Erwartungswert 45. Da „ablehnen" immer Null ergibt, würden ohne Auskunft alle Anträge genehmigt. Entscheidet man sich für die Auskunft, kann man mit zwei Situationen konfrontiert sein: Mit einer positiven Auskunft oder einer negativen. Die Wahrscheinlichkeiten können wir aus der Tabelle erkennen. Sie beträgt 93 % (9300 Kunden von insgesamt 10.000 Kunden) für positive Auskunft und 7 % für negative Auskunft. Danach gilt es in beiden Fällen, die Entscheidungsmöglichkeit abzulehnen oder zu genehmigen. Genehmigen wir den Kredit nach positiver Auskunft, so erzielen wir mit den ermittelten 98,9 % den Gewinn von 100 und mit 1,1 % den Verlust von 1.000, so dass der Erwartungswert bei 87,9 liegt. Bei negativer Auskunft ergibt sich ein negativer Erwartungswert für „genehmigen". Wir würden also nach einer positiven Auskunft „genehmigen" und nach einer negativen „ablehnen". Da wir zu 93 % positive Auskünfte erhalten, ist der Erwartungswert für „Auskunft einholen" ca. 81,7 und damit deutlich höher als in der Variante ohne Auskunft.

Der zusätzliche Test funktioniert also, er liefert einen eindeutigen Hinweis darauf, ob man Kredite genehmigen sollte und er erhöht den Erwartungswert. Vernachlässigt haben wir noch die möglichen Kosten, die mit der Auskunft für die Bank verbunden sind. Schließlich muss man dafür etwas bezahlen, aber das ist kein Problem: Die Kosten für die Auskunft dürfen maximal so hoch sein, wie die Differenz aus den Erwartungswerten und errechnen sich hier zu maximal 36,7.

Das Rechnen mit dem Bayesschen Theorem kann bisweilen zu ganz verblüffenden Resultaten führen, die unserer Intuition regelrecht zuwiderlaufen. Dazu ein Beispiel aus der Medizin: Von 10.000 Personen ist durchschnittlich eine Person mit HIV infiziert. Heutige HIV Tests haben eine geradezu extreme Genauigkeit und können infizierte und nicht infizierte Personen zu 99,99 % richtig testen. D. h., dass ein Infizierter bzw. ein nicht Infizierter mit 99,99 % Wahrscheinlichkeit die richtige Diagnose HIV positiv bzw. HIV negativ erhält. Angenommen, ein HIV Test zeigt nun ein positives Ergebnis, wie hoch ist dann die Wahrscheinlichkeit, dass diese Person tatsächlich infiziert ist? Denken Sie jetzt auch spontan, dass diese doch ebenfalls 99,99 % oder so ähnlich sein müsste? Dann befinden Sie sich zweifelsohne in guter Gesellschaft, aber es ist ziemlich falsch! Die Wahrscheinlichkeit HIV infiziert zu sein ist bei positivem Befund nur 50 %!

Sie können es leicht selber nachrechnen. Die a priori Wahrscheinlichkeit für infiziert ist:

$$p(M) = 0{,}0001 \text{ und damit } p(M^-) = 0{,}9999.$$

Und die bedingten Wahrscheinlichkeiten sind:

$$p(POS \mid M) = 0{,}9999 \text{ und } p(POS \mid M^-) = 0{,}0001$$

Dann errechnet sich nach der Bayesschen Formel:

$$p(M \mid POS) = \frac{0{,}0001 \times 0{,}99999}{0{,}0001 \times 0{,}9999 + 0{,}9999 \times 0{,}0001} = 0{,}5$$

Kann das stimmen? Überlegen wir mal: Wenn 10.000 Personen zum Test gehen ist einer davon infiziert. Dieser erhält mit 99,99 %, also so gut wie sicher, die Diagnose HIV positiv. Bei den nicht infizierten gibt es eine winzige Wahrscheinlichkeit von 0,01 % auf eine falsche Diagnose, aber bei 9999 Personen ist das ebenso gut wie sicher auch einer! Von 10.000 Personen erhalten also zwei das Testergebnis HIV positiv, derjenige der tatsächlich infiziert ist und einer von den Gesunden wegen einem Testfehler. Wenn aber von zwei Personen mit dem Resultat „Positiv" nur einer wirklich infiziert ist, ist die Wahrscheinlichkeit, dass die Diagnose stimmt eben nur 50 %!

Das heißt jetzt aber nicht, dass ein solcher Test sinnlos ist. Das erstaunliche Resultat ist auf die sehr geringe a priori Wahrscheinlichkeit zurückzuführen und die gilt ja nur für einen Durchschnittsbürger. Wer zu einem solchen Test geht, gehört aber vielleicht eher einer besonderen Risikogruppe an, hat also a priori schon eine höhere Infektionswahrscheinlichkeit. Dann sieht die Sache ganz anders aus. Wer z. B. davon ausgeht, dass er mit 20 % Wahrscheinlichkeit infiziert ist und dann noch ein positives Testergebnis erhält, der muss nach der Bayesschen Formel davon ausgehen, dass er mit 99,96 % Wahrscheinlichkeit, also praktisch sicher, betroffen ist.

Immerhin zeigt das Beispiel, dass man sich beim Denken und Rechnen in Wahrscheinlichkeiten nicht leichtfertig auf seine Intuition verlassen kann. Dies kann zu

3.3 Das Ziegenproblem und andere Fallen beim Denken in Wahrscheinlichkeiten

Das Erwartungswertkriterium kann nur so gut sein, wie die Wahrscheinlichkeiten, die wir für die Umweltzustände annehmen. Aber das Rechnen und Denken in Wahrscheinlichkeiten beinhaltet manche Fallen!

Ein Paradebeispiel dafür ist das sog. Ziegenproblem[9]. Es tauchte in den 80er Jahre erstmals in den USA auf und wurde hierzulande in der Wochenzeitung „Die Zeit" veröffentlicht, wobei die Lösung den Lesern so absurd vorkam, dass die Zeitung mit ungläubigen und abfälligen Leserbriefen überschwemmt wurde bis sich endlich Klarheit einstellte. Dabei ist es eigentlich ganz einfach:

Stellen Sie sich eine Fernsehshow vor, bei dem der Kandidat am Ende ein Auto gewinnen kann. Der Showmaster führt ihn zu drei Türen, nennen wir sie hier A, B und C. Hinter einer steht das begehrte Auto, hinter zweien nur stinkende Ziegen. Der Kandidat hat keine weiteren Informationen und es ist auch kein Trick dabei, sondern ein einfaches Glücksspiel. Für eine Tür muss sich der Kandidat entscheiden. Sagen wir, er nimmt Tür A, wobei es natürlich völlig egal ist welche Tür er wählt. Nun öffnet der Showmaster eine der beiden Türen die der Kandidat nicht gewählt hat und heraus kommt eine Ziege. Der Showmaster macht ein Angebot: „Wollen Sie bei Ihrer Tür bleiben oder möchten Sie wechseln? Sie dürfen noch einmal neu wählen!"

Jetzt interessiert uns als Entscheidungstheoretiker natürlich, was zu tun ist. Wo ist der Erwartungswert größer, bei welcher Tür ist die Wahrscheinlichkeit das Auto zu gewinnen höher? Was sagen Sie spontan? Nun, die allermeisten Menschen sagen: „Das ist doch egal was er macht, die Wahrscheinlichkeit ist für beide verbleibenden Türen gleich, es ist eine „fifty-fifty" Situation." Glauben Sie das auch? Dann hätten Sie einen Fehler gemacht, denn es stimmt ganz und gar nicht und es ist, wie wir gleich sehen werden, sogar ziemlich unlogisch, aber es entspricht unserer Intuition. Tatsächlich können Sie die Gewinnchance glatt verdoppeln, wenn Sie wechseln!

Der Reihe nach: Wenn der Kandidat aus drei Türen eine wählen muss, ist die Trefferwahrscheinlichkeit ⅓. Warum sollte sie also plötzlich auf 50 % steigen? Antwort: Dazu gibt es keinen Grund, es bleibt bei ⅓ Wahrscheinlichkeit. Die a priori gültige Wahrscheinlichkeit kann sich ja nur verändern, wenn neue Informationen zu verarbeiten sind. Es gibt aber keine neue Information über unsere Tür A. Dass der Showmaster eine Tür öffnen wird, hinter der eine Ziege steht, können wir uns

---
[9] Ausführlich dazu von Randow: Das Ziegenproblem, 2004.

als Ritual vorstellen, welches in jeder Sendung immer wieder praktiziert werden kann. Wir wissen schon vorher, dass dies gleich passieren wird. Schließlich gibt es immer mindestens eine nicht gewählte Tür mit einer Ziege dahinter, unabhängig davon, ob wir die richtige Tür gewählt haben oder nicht. Wir erfahren dadurch nichts Neues über unsere Tür und deswegen kann sich auch nichts daran ändern, dass wir nur mit ⅓ Wahrscheinlichkeit richtig gewählt haben. Wechseln wir nun, tauschen wir ⅓ gegen ⅔ Wahrscheinlichkeit, irgendwo muss das Auto ja sein. Sie glauben es immer noch nicht?

Gehen wir alle Möglichkeiten durch, wir haben also Tür A gewählt. Drei Fälle sind möglich:

Das Auto steht tatsächlich hinter Tür A. Der Showmaster öffnet willkürlich eine der beiden anderen Türen und lässt eine Ziege heraus. Wir würden gewinnen, wenn wir stur bei Tür A bleiben.

Das Auto steht hinter Tür B. Nun öffnet der Showmaster eben nicht willkürlich eine Tür, sondern er kann nur Tür C öffnen. Er sortiert also die andere falsche Tür für uns aus. Wir gewinnen, wenn wir jetzt von A auf B wechseln.

Das Auto steht hinter Tür C. Auch jetzt wird nicht willkürlich eine Tür geöffnet, sondern die falsche Tür B. Wir gewinnen wieder nur dann, wenn wir A gegen die übrig gebliebene Tür C tauschen.

Wenn wir bei unserer einmal gewählten Tür bleiben, können wir nur gewinnen, wenn das Auto schon am Anfang dahinter gestanden hat, aber das ist eben nur zu ⅓ wahrscheinlich. In ⅔ der Fälle haben wir die falsche Tür gewählt und wir gewinnen, wenn wir diese gegen die richtige Tür, die der Showmaster für uns übrig gelassen hat, tauschen.

Wenn Sie jetzt sagen, das ist doch simpel haben Sie im Prinzip Recht. Aber probieren Sie es in ihrem Freundeskreis aus. Nach unserer Erfahrung kommen mindestens 8 von 10 Menschen nicht darauf, zumindest nicht, wenn Sie eine spontane Antwort einfordern.

Wenn wir konsequent entscheidungstheoretisch vorgehen und eine Entscheidungsmatrix dazu aufzeichnen, kann der Fehler nicht so leicht passieren (Tab. 11).

Tabelle 11
Entscheidungsmatrix zum Ziegenproblem

	Auto steht hinter Tür A	Auto steht hinter Tür B	Auto steht hinter Tür C	Erwartungswert μ
Tür A behalten	1	0	0	⅓
Tür wechseln	0	1	1	⅔

Die erste Wahl ist eine triviale Zufallsentscheidung, dafür können wir uns die Matrix sparen, sagen wir wieder, wir haben A gewählt. Bei der zweiten Entscheidung haben wir zwei Alternativen „Tür A behalten" oder „Tür wechseln" und drei gleich wahrscheinliche Umweltzustände, das Auto steht hinter A, B oder C. Beziffern wir das Auto mit 1 und die Ziege mit 0, sehen wir für „Tür A behalten" den Erwartungswert ⅓ und für „Tür wechseln" den Erwartungswert ⅔.

Wieso kommen wir nicht spontan darauf? Psychologen können das gut erklären. Unser Gehirn ist immer noch wie in der Steinzeit programmiert, wo es vor allem darauf ankam, sich schnell dafür zu entscheiden, ob man den Hirsch erlegen oder vor dem Mammut flüchten sollte. Für Wahrscheinlichkeitsüberlegungen war keine Zeit und deshalb hat unser Gehirn bis heute dafür nichts übrig. So wird jedes Problem radikal vereinfacht. Bei dem aus zwei Stufen bestehenden Ziegen-Problem wird sofort die Vorgeschichte ausgeblendet. Unser Gehirn verarbeitet nur: Zwei Türen, du hast keine Informationen, es ist egal was du machst! Dieses Problem ist aber nur mit der Vorgeschichte, also mit der a priori Wahrscheinlichkeit, richtig zu lösen. Da wir dies aber intuitiv ignorieren, liegen wir falsch. Sobald es um Wahrscheinlichkeiten geht, dürfen wir leider unserem Steinzeithirn nicht mehr vertrauen.

Falsche Informationsverarbeitung wie beim Ziegenproblem oder bei Bauer Müller ist nur eine mögliche Fehlerquelle bei Bildung eines Wahrscheinlichkeitsurteils. Auch in anderen Fällen kann es zu verzerrten Wahrnehmungen, sog. *Bias*, kommen. So erscheint uns alles, was wir uns auf Anhieb leichter vorstellen können auch als wahrscheinlicher, obwohl es das nicht immer ist. Ein schönes Beispiel ist der Linda-Test[10]: Linda ist Single, 31 Jahre alt, hat ein Diplom in Philosophie, ist stark gegen Diskriminierung engagiert und nimmt aktiv an Anti-Atomkraft-Demonstrationen teil. Welche Aussage halten Sie für wahrscheinlicher:

a) Linda ist Kassiererin bei einer Bank?
b) Linda ist aktive Feministin und Kassiererin bei einer Bank?

Nach dem Multiplikationssatz der Wahrscheinlichkeitsrechnung muss das zwingend Aussage a) sein. Trotzdem sagen hier viele Menschen vorschnell b), eine Feministin Linda können wir uns bei dem Profil der Dame eben gut vorstellen, die Kassiererinnentätigkeit passt hingegen nicht zu ihr.

Beim Roulette gibt es rote Zahlen R und gleich viele schwarze Zahlen S. Die grüne Null lassen wir jetzt mal weg. Welche Reihenfolge beim Roulette ist nun wahrscheinlicher:

R R S S R S R S S R

S S S S S S S S S S

---

[10] Daniel Kahneman/Amos Tversky/Paul Slovic, Judgment under uncertainty: Heuristics and biases, 1982, S. 84–98.

Irgendwie kommt uns vielleicht die gemischte Sequenz plausibler vor. Ist es nicht extrem unwahrscheinlich, dass 10mal hintereinander „schwarz" kommen soll? Ja, es ist sehr unwahrscheinlich, nämlich $0{,}5^{10} = 0{,}0009765\,\%$. Nur ist die Wahrscheinlichkeit für die gemischte Folge ganz genauso klein. R und S haben in jeder Runde immer wieder die gleiche Wahrscheinlichkeit von 50 %.

Vielleicht fragen Sie mal einen Lottospieler, warum er nicht dieselben Zahlen nimmt, die am vergangenen Wochenende gezogen wurden. Vermutlich wird er Ihnen sagen, dass dies doch Unfug sein, da es fast ausgeschlossen ist, dass zweimal genau die gleichen Zahlen kommen sollen. Das kann man so sagen, denn bei 13.983.816 Möglichkeiten aus 49 Zahlen 6 zu wählen ist die Wahrscheinlichkeit für eine Kombination nur 0,0000000715 %. Nur gilt dies für die Kombination des letzten Wochenendes genauso wie für jede andere scheinbar plausiblere Kombination.

Wahrscheinlicher kommt uns auch der Eintritt von Ereignissen vor, die mit lebhafter Erinnerung verbunden sind. Glauben Sie auch, dass Sie im Supermarkt immer in der Schlange stehen, die sich am langsamsten bewegt? Das sagen jedenfalls viele, weil sie sich noch gut daran erinnern können, dass ihnen das letztens schon mal passiert ist. Das sie zwischendurch dutzende Male einkaufen waren und zügig bezahlt haben, prägt sich hingegen nicht so ein, weil es normal ist. Und wenn Sie glauben, dass Sie zu Hause derjenige sind, der ständig den Müll heraustragen muss, ist das vielleicht auch nur eine Bias, weil Ihnen diese Unannehmlichkeit eher in Erinnerung bleibt als die Tage an denen es Ihr Partner gemacht hat.

Die intensive Berichterstattung über jeden Flugzeugabsturz kann die Wahrnehmung über die tatsächlich sehr geringe Absturzwahrscheinlichkeit verzerren, die täglichen Verkehrstoten sind dagegen kaum einmal eine Nachricht wert. Dabei ist das Gefährlichste an einer Flugreise nach New York die Fahrt mit dem Auto zum Flughafen nach Frankfurt. Wenn Sie erstmal da angekommen sind, haben Sie den gefährlichsten Teil der Reise bereits hinter sich.

3.4 Das µ-σ-Prinzip – oder warum man nicht nur auf den Erwartungswert schauen sollte

So bedeutsam der Erwartungswert auch ist, für eine gute Entscheidung ist die alleinige Betrachtung nur dieses Wertes oft nicht ausreichend. Wer nur auf den Erwartungswert schaut, vernachlässigt die Risiken, die mit der Entscheidung verbunden sind. Das µ-σ-Prinzip besagt nun: Achte auf beides, Chancen und Risiken! Dabei misst man das Risiko als die Unsicherheit darüber, dass der Erwartungswert eintrifft, und nimmt dazu das aus der Statistik bekannte Streumaß der Standardabweichung, bezeichnet mit σ (sprich: Sigma).

Die Standardabweichung berechnet sich als Wurzel aus der Varianz. Unter der Varianz versteht man die mittlere quadratische Abweichung der einzelnen Werte

(x_i) vom Erwartungswert (µ) unter Berücksichtigung der Eintrittswahrscheinlichkeiten (p(x_i)).

$$\text{Standardabweichung } \sigma = \sqrt{\sum (x_i - \mu)^2 \times p(x_i)}$$

Dazu ein Beispiel. Stellen Sie sich vor, Sie könnten an einem Münzwurfspiel teilnehmen. Bei „Zahl" erhalten Sie 2.000 Euro, bei „Kopf" hingegen nichts. Nennen wir dies die Variante A. Variante B besteht darin, dass Sie auf die Teilnahme verzichten und stattdessen direkt 1.000 Euro erhalten. Beide Varianten erzeugen den identischen Erwartungswert von 1.000 Euro. In Variante A gibt es eine Standardabweichung von ebenfalls 1.000 Euro, Sie gewinnen entweder 1.000 Euro mehr als der Erwartungswert beträgt oder eben 1.000 Euro weniger. Bei B erhalten Sie aber den Erwartungswert als sicheres Ergebnis. Können sie sich trotz gleichen Erwartungswerts entscheiden? Vermutlich schon.

Unzählige Hörsaalexperimente zeigen uns: Die große Mehrheit (so etwa 80 %) aller Befragten nimmt lieber die sicheren 1.000 Euro. Die meisten Menschen sind demzufolge risikoavers (risikoscheu), sie entscheiden sich im Zweifelsfalle lieber für eine sichere Sache, die Unsicherheit σ wird als etwas Negatives bewertet, das sie lieber vermeiden wollen. Es wäre ja auch zu ärgerlich, am Ende leer auszugehen, wenn man die 1.000 Euro sicher hätte einkassieren können. Nur ein risikoafiner (risikofreudiger) Entscheider wählt die Lotterie A und ein absoluter risikoneutraler Entscheider ist hier indifferent, weil dieser, aber auch nur dieser Typ, lediglich den Erwartungswert betrachtet.

Man stellt das µ-σ-Prinzip gerne in einem zweidimensionalen Koordinatensystem dar (Abbildung 4). Der Erwartungswert steht auf der senkrechten, die Standardabweichung auf der waagerechten Achse.

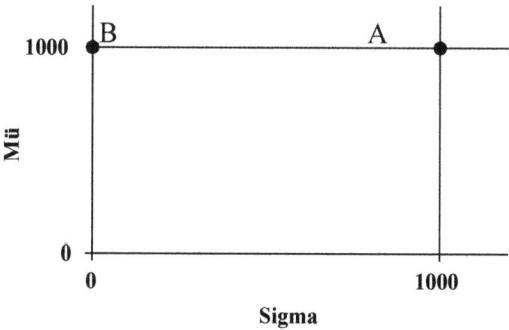

Abbildung 4: µ-σ-Diagramm.

In unserem Beispiel unterscheiden sich die Alternativen A und B nur durch die Standardabweichung. Für den Normalfall des risikoaversen Entscheiders gilt: Bei gleichem Erwartungswert wird die Alternative mit dem geringeren Risiko bevorzugt, bei gleichem Risiko die Alternative mit dem höheren Erwartungswert.

Betrachten wir als weiteres Beispiel die Autofahrerin Susi, deren Wagen einen Wert von 20.000 Euro hat. Die Wahrscheinlichkeit für einen Totalschaden sei innerhalb einer Periode 1 %. Es wird ihr eine Schadensversicherung für diese Periode angeboten. Die Versicherung kalkuliert ihre Versicherungsprämie (VP) wie folgt:

VP = mögliche Schadenshöhe × Schadenswahrscheinlichkeit + Verwaltungskosten.

Die Versicherung muss also mindestens den Erwartungswert des Schadens verlangen und dazu kommt noch ein Aufschlag. Setzen wir für die Verwaltungskosten einmal 100 Euro an, so ist die Prämie:

VP = 20.000 Euro × 0,01 + 100 Euro = 300 Euro.

Susis Entscheidungsproblem ist nun in Tabelle 12 dargestellt, wobei die Ergebnisse der Matrix ihr Vermögen am Ende der Periode darstellen. In der Entscheidungsmatrix nehmen wir neben dem Erwartungswert nun auch die Standardabweichung als zusätzlich Spalte mit auf. Diese berechnet sich wie folgt:

$$\sigma = \sqrt{(0-19800)^2 \times 0,01 + (20000-19800)^2 \times 0,99} \approx 1990$$

Tabelle 12
Susis Entscheidungsproblem

	Schaden $p=0,01$	Kein Schaden $p=0,99$	Erwartungswert M	Standardabweichung σ
Mit Versicherung	19.700	19.700	19.700	0
Ohne Versicherung	0	20.000	19.800	1.990

Schließt Susi eine Versicherung zu 300 Euro ab, so ist ihr Vermögen immer 19.700. Im Schadensfall zahlt ja die Versicherung den Wert des Autos aus. Doch ohne Versicherung ist der Erwartungswert mit 19.800 Euro höher. Das ist nun aber immer bei einer Versicherungsentscheidung so, denn die Versicherung verlangt ja den Erwartungswert plus einen Verwaltungskostenaufschlag, und genau der macht auch die Differenz im Erwartungswert der beiden Handlungsalternativen aus.

Heißt das nun, dass der Abschluss einer Versicherung unsinnig ist? Wohl nicht! Es sein denn, man ist risikoafin oder risikoneutral. Im ersten Fall sehen wir in der Streuung etwas Positives, nämlich in erster Linie die Chance, mehr als den Erwartungswert zu erzielen, im Fall der Risikoneutralität wird einfach die Alternative mit dem höheren Erwartungswert gewählt. Was aber sollte Susi machen, wenn sie zur Mehrheit der risikoaversen Menschen gehört?

3. Entscheidungen und Wahrscheinlichkeiten   33

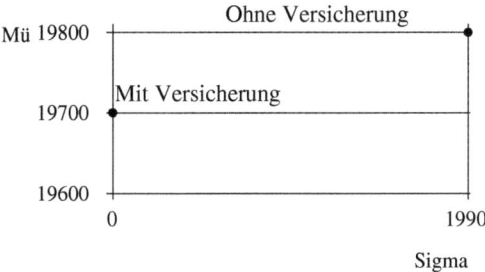

Abbildung 5: Susis Entscheidungsalternativen im μ-σ-Diagramm.

Abbildung 5 zeigt die beiden Alternativen im μ-σ-Diagramm. „Ohne Versicherung" steht sowohl für einen höheren Erwartungswert (das ist positiv) als auch für eine höhere Standardabweichung (das ist negativ). Es kommt beim risikoaversen Verhalten nun darauf an, wie stark die Risikoaversion ausgeprägt ist. Deshalb kommen wir jetzt in diesem Falle erst einmal nicht weiter. Das μ-σ-Prinzip ist eben (bis hierher) nur ein Prinzip und keine Regel. Zur Regel wird es erst, wenn wir die Risiko-Nutzen-Einstellung genau quantifizieren können. Dies machen wir im nächsten Abschnitt.

Eine ganz wesentliche Anwendung dieses Prinzips finden wir übrigens in der Kapitalmarkttheorie, die regelmäßig vom risikoaversen Entscheider ausgeht. Wer dort Risiken übernimmt, will eine Risikoprämie haben. Die risikolose Festgeldanlage hat immer die niedrigste Rendite, wer mehr Rendite will, muss in risikoreichere Anlagen investieren. Als effizient gilt eine Anlage nur, wenn es dazu keine Alternative gibt, bei der man die gleiche Rendite mit weniger Risiko oder bei gleichem Risiko eine höhere Rendite erzielen kann. So ist die im langfristigen Vergleich höhere Rendite einer Aktienanlage der Preis für die Risikoübernahme. Der Kapitalmarkt zahlt eine Risikoprämie in Form einer Überrendite gegenüber der risikolosen Anlage. Das μ-σ-Prinzip wird zu einer Bewertungsregel, indem man die Überrendite einer risikobehafteten Anlage ins Verhältnis setzt zum eingegangenen Risiko. Dieses Verhältnis von m zu s ist die relative Risikoprämie oder auch die Sharpe-Ratio[11] und wird in der Fachpresse gerne benutzt, um Investmentfonds miteinander zu vergleichen und in ein Ranking zu bringen.

---

[11] Vgl. z. B.: Breuer et al.: Portfoliomanagement, 2004, S. 379.

4. Entscheidungen und der Entscheidungsnutzen

4.1 Das Bernoulli-Prinzip und wie man seinen Nutzen messen kann

Das *Bernoulli-Prinzip*[12] nach Daniel Bernoulli (1700–1782) besagt, dass Menschen nicht nach dem Erwartungswert, sondern nach dem *Erwartungsnutzen* entscheiden. Der Nutzen ist eine ganz individuelle Bewertung, z.B. über den empfundenen Wert eines Geldbetrages oder einer bestimmten Risikokonstellation, wie sie mit der Wahl einer Handlungsalternative verbunden ist. Man kann mit diesem Konzept die Elemente Erwartungswert und Risiko miteinander verbinden, weswegen man üblicherweise vom *Risikonutzen* einer Entscheidung spricht.

Aber gibt es so etwas Abstraktes wie individuell messbare Risikonutzeneinheiten überhaupt? Wir können es nicht beweisen, aber man kann eine axiomatische Begründung aufstellen. Ein Axiom ist ein unbezweifelbarer aber eben auch unbeweisbarer Satz, den man aus Plausibilität akzeptiert – oder eben auch nicht. Wir wollen hier nur drei besonders wichtige Axiome dazu vorstellen[13]:

Das *Ordnungsaxiom*: Ein Entscheider kann immer mögliche Ergebnisse als besser/schlechter oder gleichwertig einstufen.

Formel: $A > B$ (A besser B)

$B < C$ (B schlechter C)

$C \sim D$ (C gleichwertig D)

Das *Transitivitätsaxiom*: Ein Entscheider kann die möglichen Ergebnisse widerspruchsfrei in eine Rangordnung bringen.

Wenn $A > B$ und $B > C$ muss gelten $A > C$

Das *Stetigkeitsaxiom*: Gibt es eine Lotterie und dazu als Alternative ein sicheres Ereignis, dann existiert eine Wahrscheinlichkeitsverteilung für die Werte der Lotterie, bei der beide Alternativen äquivalent sind.

Ganz unumstritten sind die Axiome nicht, doch wenn sie zutreffen, dann existiert auch ein individuelles Risikonutzenempfinden, das sich in *Risikonutzenfunktionen* (RNF) ausdrücken lässt. Seinen Nutzen kann man nun durch Befragungstechniken, der sog. Bernoulli-Befragung[14], wie sie von v. Neumann/Morgenstern entwickelt wurden, messen. Sie können das im Folgenden kleinen Beispiel einmal selber für sich nachvollziehen. Wir werden damit eine Risikonutzenfunktion für

---

[12] Bernoulli: Specimen Theoriae Novae De Mensura Sortis, Commentarii Academiae Scientarium Imperialis Petropolitanae V, S. 175–192, 1738.
[13] Ausführlicher dazu Binz: Entscheidungstheorie, 1981, S. 180 ff.
[14] Vgl. Binz: Entscheidungstheorie, 1981, S. 158 ff.

den Nutzen (U) für Geldbeträge (x) zwischen 0 und 1.000 Euro erstellen. Wir definieren den Nutzen für 0 Euro mit U(0) = 0 und für 1.000 Euro mit U(1.000) = 1. Beantworten Sie nun folgende Fragen:

Frage 1: Welcher sichere Betrag wäre für Sie genauso gut (äquivalent) wie eine Lotterie, bei der sie 1.000 Euro oder 0 Euro mit jeweils 50% Wahrscheinlichkeit erhalten:

$$\text{Antwort: B1} = \ldots\ldots\text{ Euro}$$

Bei einen Betrag B1 von 0 Euro würden Sie sicherlich an der Lotterie teilnehmen, weil es nichts zu verlieren gibt. Die Lotterie ist dann eine dominante Entscheidung. Bei B1 von 1.000 Euro ist es hingegen dominant, den sicheren Betrag zu wählen. Die Frage ist hier also: Bei welchen Betrag zwischen 0 und 1.000 für B1 kippt Ihre Entscheidung um? Das können Sie nur individuell für sich beantworten. Je risikoaverser Sie sind, desto eher sind Sie auch bei schon kleineren Beträgen bereit, die sichere Alternative vorzuziehen.

Frage 2: Welcher sichere Betrag wäre für Sie genauso gut wie eine Lotterie, bei der Sie 1.000 Euro oder den eben ermittelten Betrag B1 erhalten, mit jeweils 50% Wahrscheinlichkeit?

$$\text{Antwort: B2} = \ldots\ldots\text{ Euro}$$

Frage 3: Welcher sichere Betrag wäre für Sie genauso gut wie eine Lotterie, bei der Sie mit jeweils 50% Wahrscheinlichkeit B1 erhalten oder 0 Euro?

$$\text{Antwort: B3} = \ldots\ldots\text{ Euro}$$

Den Betrag, den Sie für B1 eingesetzt haben, können wir nun dem Risikonutzen U(B1) = 0,5 zuordnen. Diese folgt zwingend aus den Definitionen U(0) = 0 und U(1.000) = 1. Die Lotterie in der ersten Frage steht also für einen Erwartungsnutzen von EU = 0,5. Entsprechend gilt dann für U(B2) = 0,75 und U(B3) = 0,25.

Wir können in einem Diagramm die Nutzenwerte U in Abhängigkeit der Geldbeträge 0, B1, B2, B3 und 1.000 als Punkte einzeichnen und zu einer Kurve verbinden, wie wir dies beispielhaft in Abbildung 6 zeigen.

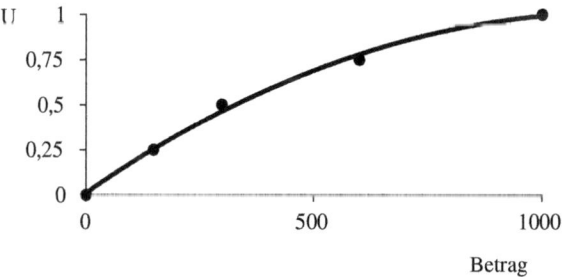

Abbildung 6: Risikonutzenfunktion (RNF) bei Risikoaversion.

Mit Hilfe einer statistischen Analyse (Regressionsanalyse) lässt sich auch eine passende Funktionsgleichung finden, die näherungsweise diese Punkte verbindet, so dass sich aus den Einzelwerten der Befragung dann auch eine (angenäherte) Funktion ihres Risikonutzens ergibt. Diese Funktion nennt man auch eine v. *Neumann-Morgenstern-Risikonutzenfunktion*. Wir belassen es der Einfachheit halber bei der Abkürzung RNF.

Für den Normalfall des risikoaversen Entscheiders entsteht eine degressiv verlaufende Kurve (konkave Krümmung) wie in Abbildung 6. Der risikoafine Entscheider hat eine konvex gekrümmte Kurve (Abbildung 7). Bei dem risikoneutralen Entscheider ist es eine Gerade (Abbildung 8). Wer risikoneutral ist, kann sich dieses Kapitel sparen, denn er benötigt nur den Erwartungswert für seine Entscheidung. Mathematisch ausgedrückt bedeutet Risikoaversion also, dass die 2. Ableitung negativ ist: U'' < 0. Für den risikofreudigen Entscheider gilt: U'' > 0 und bei Risikoneutralität ist U'' = 0.

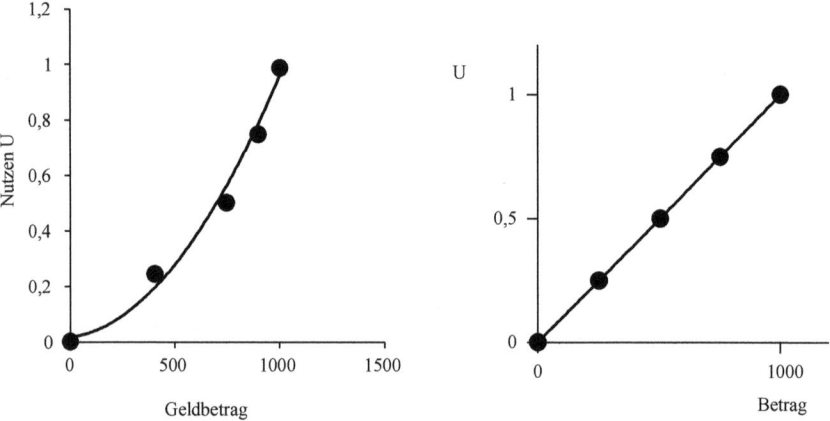

Abbildung 7: RNF bei Risikoaffinität.   Abbildung 8: RNF bei Risikoneutralität.

Innerhalb der Kategorien risikoafin und risikoavers gibt es aber noch graduelle Abstufungen. So kann beispielsweise die Risikoaversion mehr oder weniger stark ausgeprägt sein. Bildlich gesprochen: Die konkave Krümmung eines risikoaversen Entscheiders kann mehr oder weniger stark ausgeprägt sein. Dies möchte man in der Entscheidungstheorie durch ein Risikomaß zum Ausdruck bringen.

Wenn Risikoaversion in der Stärke der Krümmung der RNF zum Ausdruck kommt, ist es naheliegend, die 2. Ableitung als Maß der Risikoaversion zu nutzen. Doch leider geht es nicht ganz so einfach, da dieses zu ungewollten Widersprüchen führen kann. Die RNF: $U_1 = x^{0,5}$ und $U_2 = 2x^{0,5}$ haben die gleiche Krümmung, wenn man die Nutzenskala auf der Senkrechten nur anders anordnet. Bei der zweiten Funktion sind lediglich alle Werte um den Faktor 2 linear transformiert. Ein Risikomaß sollte hier den gleichen Wert für Risikoaversion liefern, aber die zweite Ableitung der beiden Funktionen ist unterschiedlich.

4. Entscheidungen und der Entscheidungsnutzen

Arrow[15] und Pratt[16] kamen unabhängig voneinander zu dem Ergebnis, dass man diesen Widerspruch auflösen kann, wenn man den (negativen) Quotient aus der 2. Ableitung und der 1. Ableitung bildet. Dies führt zu dem populären *Arrow-Pratt-Maß*

$$APM = -\frac{U''}{U'}$$

Damit haben unsere beiden Funktionen das gleiche APM:

$$APM_1 = -\frac{-0{,}25x^{-1{,}5}}{0{,}5x^{-0{,}5}} = 0{,}5x^{-1}$$

$$APM_1 = -\frac{-0{,}5x^{-1{,}5}}{x^{-0{,}5}} = 0{,}5x^{-1}$$

Das negative Vorzeichen dient nur dazu, bei dem häufigsten Fall der Risikoaversion positive Werte zu bekommen, ein risikoafiner Entscheider hat dann ein negatives APM und für den risikoneutralen Entscheider ist das APM = 0.

Für sich betrachtet, ist das APM sehr abstrakt und schwer zu interpretieren. Man kann jedoch sagen, je höher das APM ist, desto größer ist die Abneigung gegen Risiko, desto stärker gekrümmt verläuft die RNF des Entscheiders. Es ist also insbesondere als Vergleichsmaßstab geeignet.

Bei unseren beiden Beispielfunktionen ist das APM identisch und es wird umso kleiner, je größer der Betrag x wird. Das kann plausibel sein, muss es aber nicht. Man könnte es sich auch genau andersherum vorstellen. Bei einigen Anwendungen, insbesondere in der Finanztheorie, umgeht man diese Diskussion, indem man ein konstantes APM als gewünschte Eigenschaft einer RNF verlangt. Dieses lässt sich nur erreichen, wenn man eine exponentielle RNF verwendet, z. B. eine Funktion vom Typ:

$$U = 1 - e^{-ax}$$

Diese Funktion ist konkav gekrümmt, produziert Nutzenwerte zwischen 0 und 1 und sie hat den Vorteil eines konstanten APM, das hier gleich dem Parameter α ist:

$$APM = -\frac{a * -\alpha * e^{-\alpha x}}{\alpha * e^{-\alpha x}} = \alpha$$

Man kann also in diesem Funktionstyp praktischerweise einen festen Wert für die Risikoaversion „einbauen". Das erklärt die auffällige Beliebtheit der exponentiellen Risikonutzenfunktionen in der Literatur.

Wenn es uns nun gelingt, für einen Entscheider eine RNF zu bestimmen, dann können wir damit auch Entscheidungsprobleme im Rahmen des μ-σ-Prinzips lösen.

---

[15] Kenneth J. Arrow: The Role of Securities in the Optimal Allocation of Risk-Bearing, Review of Economic Studies, 1964, S. 91–96.
[16] Pratt, J. W.: Risk Aversion in the Small and in the Large, Econometrica 32, S. 122–136 (1964).

Der Entscheider wählt dann einfach die Alternative mit dem höchsten Erwartungsnutzen. Wir schauen uns dazu Anwendungsbeispiele im nächsten Abschnitt an.

4.2 Wie man nach dem Erwartungsnutzen individuell entscheiden kann

Wir kehren noch einmal zu unserer Autofahrerin Susi zurück, die vor der Entscheidung steht, eine Schadensversicherung abzuschließen oder nicht. Wir nehmen nun an, dass wir mit Susi eine Bernoulli-Befragung durchgeführt haben und dabei haben wir für Vermögenswerte (x) zwischen 0 und 20.000 Euro eine RNF ermittelt, die folgende Gleichung hat:

$$U = 6{,}25\, x^{0{,}28}$$

Es handelt sich bei Susi also um eine Person mit Risikoaversion. Für x setzen wir die entsprechenden Vermögenswerte aus der Tabelle 12 ein und betrachten nun eine neue Matrix (Tabelle 13), in der uns nun nicht mehr die Geldbeträge, sondern der Risikonutzen interessiert, wie er sich aus obiger Formel ergibt. Die letzte Spalte zeigt dann den mit den Wahrscheinlichkeiten gewichteten Erwartungsnutzen.

Tabelle 13
Susis Erwartungsnutzen

	Schaden $p = 0{,}01$	Kein Schaden $P = 0{,}99$	Erwartungsnutzen U
Mit Versicherung	19.700 $U \approx 99{,}6$	19.700 $U \approx 99{,}6$	99,6
Ohne Versicherung	0 $U = 0$	20.000 $U = 100$	99,00

Mit Versicherung zu sein führt hier zu einem Erwartungsnutzen von 99,6 Einheiten, bei der Alternative „ohne Versicherung" sind es unter Berücksichtigung der Eintrittswahrscheinlichkeiten nur 99 Einheiten. Obwohl, wie wir ja wissen, die Alternative „ohne Versicherung" einen höheren Erwartungswert hat, sollte sich Susi für die Versicherung entscheiden, da hierbei der Nutzen für sie höher ist. Sie fühlt sich einfach wohler dabei, versichert zu sein und kann ruhig schlafen.

Die Begründung anhand dieser Nutzenwerte ist zugegebenermaßen wenig anschaulich. Unter 99 Nutzeneinheiten kann man sich nun mal nichts vorstellen. Es hat sich deshalb eingebürgert, mit dem Begriff des Sicherheitsäquivalent (SÄ) zu argumentieren. Das SÄ ist der sichere Wert, der äquivalent zu der risikobehafteten Alternative ist. In Susis Fall führt die risikobehaftete Entscheidung, unversichert zu sein, zu einem Nutzen von 99 (abstrakten) Nutzeneinheiten. Das SÄ lässt sich über ihre RNF einfach bestimmen, es ist der sichere Vermögenswert x für den gilt:

$$U = 6{,}25 \times x^{0{,}28} \overset{!}{\longrightarrow} 99$$

$$x = 19.268 \overset{!}{\longrightarrow} \text{SÄ (Sicherheitsäquivalent)}$$

Das bedeutet, dass die risikobehaftete Alternative einen identischen Nutzen stiftet wie eine sichere Variante, bei der ein Vermögen von 19.268 bleibt. Oder: Ein sicheres Vermögen von 19.268 hat genau den Nutzen von 99 wie die risikobehaftete Entscheidung. Da das tatsächliche Vermögen bei Abschluss der Versicherung aber mit 19.700 höher ist, ist die sichere Variante „Versicherung" eindeutig besser. Wir können Ihnen noch eine andere Interpretation des SÄ anbieten, bei der vielleicht noch klarer wird, um was es eigentlich geht: Susi würde immer dann eine Versicherung abschließen, solange ihr mehr als 19.268 Euro bleiben! Darin steckt eine weitere interessante Information: Die Versicherung kann bei einem Anfangsvermögen von 20.000 Euro sogar 732 Euro (statt 300 Euro) verlangen und Susi würde immer noch den Versicherungsvertrag unterschreiben.

Wir könnten unsere Tabelle auch umschreiben und in der letzten Spalte anstelle der Nutzenzahlen immer das Sicherheitsäquivalent notieren (Für die sichere Alternative ist das der Erwartungswert). Die Entscheidungsregel lautet dann: Wähle die Alternative, die das höchste SÄ erzielt.

Tabelle 14
Susis Sicherheitsäquivalent

	Schaden $P = 0{,}01$	Kein Schaden $p = 0{,}99$	Sicherheitsäquivalent SÄ
Mit Versicherung	19.700	19.700	19.700
Ohne Versicherung	0	20.000	19.268

Wenn es sich nicht um eine einfache Entweder-oder-Entscheidung handelt, sondern um ein stetiges Entscheidungsproblem mit unzähligen Alternativen, so lässt sich dieses über *Nutzenindifferenzkurven* (NIK), auch Isonutzenkurve (iso = gleich) genannt, sehr gut und anschaulich lösen.

Wir betrachten ein Beispiel der Kapitalmarkttheorie und einen Anleger mit einer exponentiellen Risikonutzenfunktion RNF vom Typ: $U = 1 - e^{-ax}$.

Wie bekannt, handelt es sich bei dem Parameter a um das Arrow-Pratt-Maß für Risikoaversion. Wir nehmen an, dass wir für unseren Anleger z. B. über eine Bernoulli- Befragung zu einem Wert von α – 3 gekommen sind (Werte zwischen 1–10 gelten als realistisch für typische Anleger)[17]. Dann lautet die RNF: $U = 1 - e^{-3x}$ (mit x = Rendite der Finanzinvestition).

---
[17] Spremann: Portfoliomanagement, 2008, S. 415.

Der Anleger kann durchaus verschiedenen Investments einen identischen Erwartungsnutzen (EU) zuordnen und für diese Alternativen indifferent in seiner Entscheidung sein. Nehmen wir dafür drei Beispiele:

A sei ein Investment, das mit gleicher Wahrscheinlichkeit eine Rendite von 20 % (x = 0,2 und U = 0,45) oder eine Rendite von 0 % (x = 0 und U = 0) bringt. Dann ist:

$$\mu = 0{,}1 \text{ und } \sigma = 0{,}1$$

und der gerundete Erwartungsnutzen beträgt: $EU = 0{,}225$.

B sei ein Investment, das mit gleicher Wahrscheinlichkeit 12,4 % Rendite (x = 0,124; U = 0,31) oder eine Rendite von 5 % (x = 0,05; U = 0,14) bringt. Dann ist hier:

$$\mu = 0{,}087 \text{ und } \sigma = 0{,}037$$

Der Erwartungsnutzen ist aber wie im ersten Fall: $EU = 0{,}225$

C sei eine sichere Anlage zu 8,5 %. Hier ist:

$$\mu = 0{,}085 \text{ und } \sigma = 0$$

und ebenfalls gilt: $EU = 0{,}225$.

Alle drei Alternativen führen zum gleichen Erwartungsnutzen. C ist das Sicherheitsäquivalent zu den beiden gleichwertigen aber andersartigen Risikoalternativen A und B.

Wir können nun diese 3 Alternativen in ein m-s-Diagramm eintragen (Abbildung 10) und diese Punkte mit einer Kurve verbinden, denn natürlich gibt es neben diesen 3 Fällen noch unendlich viele andere denkbare Kombination von Rendite und Risiko, die den gleichen Erwartungsnutzen von 0,225 stiften. Argumentieren wir mit dem Sicherheitsäquivalent, können wir es wieder anschaulicher ausdrücken: Auf unserer Kurve liegen alle Kombinationen, die hinsichtlich des Nutzens für den Anleger genauso gut sind wie eine sichere Anlage mit 8,5 % Rendite.

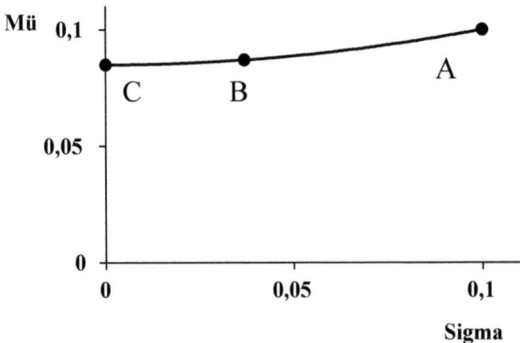

Abbildung 9: Nutzenindifferenzkurve (NIK).

4. Entscheidungen und der Entscheidungsnutzen

Bei einer exponentiellen RNF mit normalverteilten Streuungen bei den Risikoalternativen, was in der Kapitalmarkttheorie üblicherweise unterstellt wird, ergibt sich mit einigem mathematischen Aufwand die Gleichung der dazugehörigen Nutzenindifferenzkurve[18].

$$NIK : \mu = SÄ + 0{,}5a \times \sigma^2$$

In unserem Fall also: (SÄ = 8,5 % und a = 3)

$$NIK : \mu = 0{,}085 + 1{,}5a \times \sigma^2$$

Für jedes SÄ existiert bei a =3 eine NIK, mit der allgemeinen Form:

$$NIK : \mu = SÄ + 1{,}5 \times \sigma^2.$$

Je höher das Sicherheitsäquivalent ist, desto höher ist auch der Nutzen des Entscheiders, den er auf der Kurve erzielt. Er strebt also die höchstmögliche NIK an.

Wir nehmen nun weiter an, unser Anleger könnte sein Vermögen auf zwei Anlagen aufteilen. In einen Aktienfonds (A) der 10 % Rendite erwarten lässt bei einer Streuung (am Kapitalmarkt Volatilität genannt) von 20 %. Diese Anlage ist also durch: m = 0,1 und s = 0,2 gekennzeichnet. Außerdem gibt es eine risikolose Festgeldanlage (F) zu 4 % (m = 0,04; s = 0). Auf dem Aktienmarkt wird in unserem Beispiel eine absolute Risikoprämie von 6 % (Überrendite der Aktien gegenüber dem Festgeld) gezahlt bzw. eine relative Risikoprämie (Sharpe-Ratio) von 0,3 pro Risikoeinheit.

Da die Aufteilung des Vermögens völlig beliebig ist, können wir die beiden Punkte F und A im Diagramm (Abbildung 11) mit einer Linie, der sog. Kapitalmarktlinie (KML) verbinden, deren Steigung die relative Risikoprämie ist. Die Funktion der KML lautet: $KML : \mu = 0{,}04 + 0{,}3\sigma$

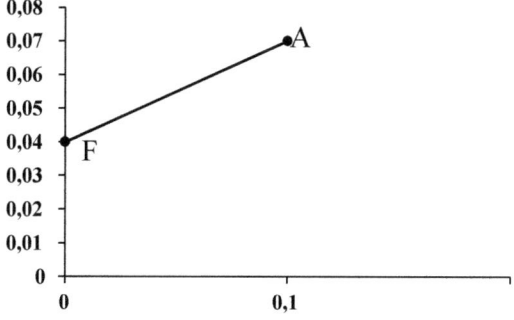

Abbildung 10: Kapitalmarktlinie (KML).

---

[18] Zur Herleitung siehe Freund, R.: The Introduction of Risk into a Programming Model; Econometrica, Vol. 24, S. 253–263 (1956), oder Wolfstetter, E.: Topics in Microeconomics, 1999, S. 347 ff.

F steht dabei für 0% Aktien (und 100% Festgeld) und A für 100% Aktien (und 0% Festgeld), dazwischen ist jede beliebige Aufteilung möglich. Die optimale Aufteilung finden wir jetzt, wenn wir die NIK-Schar mit in das Diagramm einzeichnen (Abbildung 11).

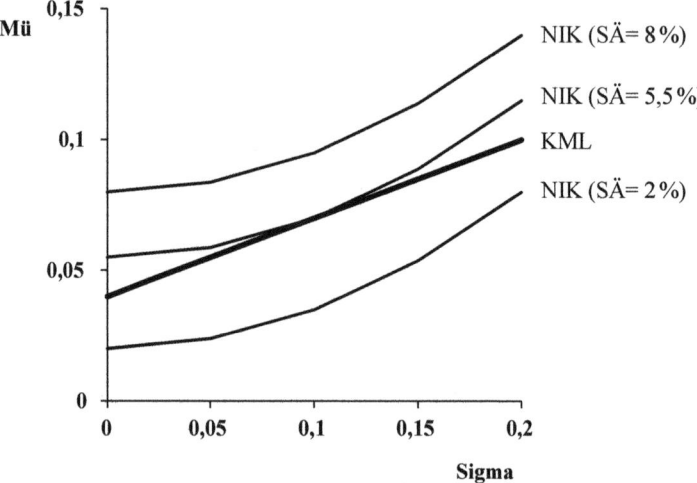

Abbildung 11: Optimale Anlageentscheidung.

Offenbar ist das höchste realisierbare SÄ dort erreicht, wo eine NIK die KML tangiert. Bei einem bloßen Schnittpunkt ist das SÄ immer geringer als im Tangentialpunkt und damit auch der Nutzen. Kurven, die keine Berührung mit der KML haben, sind gänzlich unrealisierbare Wunschvorstellungen.

Mathematisch versierte Leser erkennen nun gleich, dass es sich hierbei um ein Maximierungsproblem unter Nebenbedingungen handelt, dass man mit der Lagrange-Methode lösen kann. Das ist zwar prinzipiell der richtige Rechenweg, doch wir können hier einfacher vorgehen. Da wir sehen, dass die Lösung ein Tangentialpunkt sein muss, bedeutet dies, dass die 1. Ableitung der NIK gleich der 1. Ableitung der KML sein muss, denn die Ableitung ist ja die Tangentensteigung der Kurve. So muss hier also gelten:

$$NIK'(\sigma) = KML'(\sigma)$$
$$3\sigma = 0{,}3$$
$$\sigma = 0{,}1$$

Maximaler Nutzen im Sinne eines maximalen SÄ wird also erreicht bei $\sigma = 0{,}1$! Da ein $\sigma = 0$ für 0% Aktien steht und ein $\sigma = 0{,}2$ für 100% Aktien, kann man die Aufteilung mit einem Dreisatz leicht bestimmen: Unser Anleger sollte 50% in Aktien investieren! Sein Erwartungswert ist dann 7% und das Sicherheitsäquivalent dazu ist 5,5%.

Im folgenden Abschnitt werden wir nun sehen, dass solche individuell rationalen Entscheidungen, wie wir sie hier vorstellen, oft nicht getroffen werden, weil uns psychologische Faktoren daran hindern können. Leider auch und gerade auf den Finanzmärkten, wo Rationalität doch eigentlich ganz besonders angebracht wäre!

4.3 Warum wir manchmal falsch entscheiden – Erkenntnisse der Entscheidungspsychologie

In den bisherigen Abschnitten haben wir immer normative Entscheidungstheorie betrieben. Wir haben versucht, Regeln zu finden, um eine rationale Entscheidung zu fällen, die unseren Zielen entspricht. Daneben gibt es die Richtung der deskriptiven (beschreibenden) Entscheidungstheorie. Hier geht es nicht um die Frage, was man tun sollte, sondern was Menschen tatsächlich so entscheiden. Da wir im richtigen Leben gar nicht die Zeit oder viele auch nicht die theoretischen Kenntnisse besitzen, um Entscheidungsprozesse so zu modulieren wie wir das hier machen, entscheiden wir häufig nach Heuristiken. Dieses sind „Daumenregeln" für schnelle Entscheidungen, die wir intuitiv verwenden. Die Frage ist, ob dabei etwas Gutes herumkommt. Dieser verhaltensorientierte Ansatz ist auch unter dem Begriff „behavioral economics" bzw. in der Finanztheorie als „behavioral finance" bekannt und das Betätigungsfeld der Entscheidungspsychologen. Wir zeigen Ihnen hier nur einige der interessantesten Erkenntnisse, wobei wir vor allem die Experimente des Nobelpreisträgers Kahneman[19] vorstellen werden.

Bei folgendem Experiment, genannt die „asiatische Krankheit", geht es um die Frage, ob Menschen wirklich eher risikoavers sind. Die Probanden, so heißen die Versuchspersonen in der Sprache der experimentellen Forschung, wurden in zwei getrennte Gruppen eingeteilt, denen die gleiche Geschichte erzählt wurde. Eine aus Asien kommende Krankheit wurde eingeschleppt, 600 Personen sind davon betroffen. Es stehen zwei medizinische Maßnahmen zur Verfügung, von denen eine auszuwählen ist. Diese Maßnahmen wurden in der ersten Gruppe so dargestellt:

Bei M1 werden 200 Menschenleben gerettet.

Bei M2 werden mit 33⅓% Wahrscheinlichkeit alle gerettet, aber mit 66⅔% Wahrscheinlichkeit wird keiner gerettet.

In der zweiten Gruppe wurden die Maßnahmen so präsentiert:

Bei M1 werden 400 Menschen sterben.

Bei M2 werden mit 66⅔% Wahrscheinlichkeit alle sterben, aber mit 33⅓% wird niemand sterben.

---

[19] Daniel Kahneman/Amos Tversky/Paul Slovic: Judgment under uncertainty: Heuristics and biases, 1982.

Die beiden Maßnahmen sind also in beiden Gruppen die gleichen. M1 und M2 stehen für denselben Erwartungswert, M1 ist dabei die sichere Variante. Das Ergebnis in der ersten Gruppe entsprach auch den üblichen Erwartungen solcher Befragungen: Eine Mehrheit von 72 % entschied sich für die sichere Maßnahme M1. In der zweiten Gruppe jedoch entschieden sich 78 % für M2, wählten also die risikobehaftete Maßnahme.

Was hat sich da in den Köpfen abgespielt? Offenbar sind wir mehrheitlich nur solange risikoavers, wie es sich um eine Gewinnsituation handelt. Im ersten Fall ist immer davon die Rede, Menschen zu retten. Da gehen wir lieber auf Nummer sicher und retten die 200. In der zweiten Gruppe wurde der Sachverhalt aber als eine Verlustsituation dargestellt, es geht darum, dass Menschen sterben. Nun erscheint es uns angebracht, etwas zu riskieren, um den sicheren Tod von 400 Menschen vielleicht doch noch zu verhindern.

In dem Augenblick, in welchem es darum geht, einen drohenden Verlust noch zu vermeiden, werden wir risikoafin. Die typische Entscheidungsheuristik ist demnach gar nicht so sehr Risikoaversion wie traditionell behauptet, sondern *Verlustaversion*. So kommt es zum *„Reflection-Effect"*: Unsere Risikoeinstellung schlägt um, wenn es nicht mehr um Gewinne, sondern um Verluste geht.

Das lässt sich auch bei weniger dramatischen Fallbeispielen belegen, etwa wenn es um unser Geld geht. Bieten Sie jemandem 500 Euro oder einen Münzwurf mit den Ergebnissen 1.000 Euro oder 0 Euro an, erhalten Sie eine Mehrheitswahl für die sicheren 500. Aber stellen wir die Situation um, und sagen, Sie müssen 500 Euro zahlen oder können an einem Münzwurfspiel teilnehmen, wo sie dann 1000 Euro oder 0 Euro zahlen müssen, bekommen Sie eine Mehrheit für die riskante Lotterie. Die Verlustaversion treibt uns zu riskantem Verhalten an, auch wenn das sonst ganz gegen unsere Mentalität ist. Wenn Sie beim Roulette erstmal Geld verloren haben, wird die Bereitschaft, bei der nächsten Runde den Einsatz zu erhöhen, um vielleicht doch noch ohne Verlust nach Hause zu gehen, immer größer werden. Es handelt sich also um einen durchaus gefährlichen Effekt.

In dem Experiment ist aber noch ein anderer Effekt erkennbar. Hier geht es um ein und dieselbe Situation (isomorphisches Experiment). Lediglich die Formulierung der Maßnahmen suggeriert, ob wir darin eine Gewinn- oder Verlustsituation erkennen. Dies bezeichnet man als den *„Framing-Effect"*. Man kann eine Situation so darstellen, dass sie mal so oder so empfunden wird und damit kann man auch eine Entscheidung beeinflussen. Wir sind manipulierbar! Wenn wir uns vorstellen, dass wir als Pharmavertreter dem entscheidenden Politiker diese Maßnahmen vortragen sollen und wir bei M2 viel Geld verdienen, bei M1 aber nichts, dann wissen wir nun auch, wie wir präsentieren müssen, um die gewünschte Entscheidung zu erhalten.

Interessant ist auch die *Verankerungsheuristik*. Unser Gehirn sucht bei unsicheren Entscheidungen nach einer Verankerung, dem sog. Referenzpunkt. Häufig ist dies die erste Information, die wir zu einer Sache erhalten (*Primat-Effekt*), obwohl diese Information nicht unbedingt die wichtigste sein muss. Und manchmal verankern wir uns in Informationen, die gar nichts mit der Sache zu tun haben. So führte Kahnman seine Probanden zunächst vor ein Glücksrad, das allerdings so eingestellt war, dass es immer bei 10 oder bei 65 stehen blieb. Dann wurde nach dem Anteil der afrikanischen Staaten in den Vereinten Nationen gefragt; eine Schätzfrage, denn wer weiß so etwas schon auswendig? Die Probanden, die vorher die Zahl 10 beim Glücksrad erzielt hatten, schätzten im Durchschnitt 25 %, diejenigen, die vorher 65 gedreht hatten, schätzten durchschnittlich aber 45 %!

Bei einem Aktienbesitzer ist der verankerte Referenzpunkt in aller Regel der Kaufkurs seiner Aktien. Er bemisst seine Gewinne und Verluste nicht nach den Kursschwankungen von gestern auf heute, sondern danach, zu welchem Kurs er eingestiegen ist. Wobei die Intensität der Gewinn- und Verlustempfindung mit zunehmender Entfernung vom Referenzpunkt abnimmt (*Dispositions-Effekt*).

Diese Erkenntnisse lassen sich alle verdichtet in der *Prospect-Theorie* darstellen, deren Kernstück die Wertefunktion[20] ist (Abbildung 12).

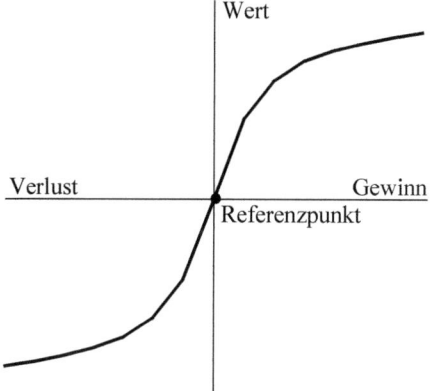

Abbildung 12: Wertefunktion.

Sie zeigt den subjektiv empfundenen Wert, ausgehend vom Referenzpunkt. An diesem Modell lassen sich sehr gut typische Muster für Fehlentscheidungen von Aktienbesitzern erklären. Die wichtigste, wenn auch banal klingende, Erfolgsformel an der Börse lautet: „Gewinne laufen lassen, Verluste begrenzen". Wer wollte dem nicht zustimmen! Aber die Umsetzung ist bei unserer psychologischen Disposition sehr schwer. Haben wir uns bei Kurssteigerungen von unserem Referenzpunkt weit entfernt, werden uns weitere mögliche Gewinne nicht mehr so wertvoll

---

[20] Goldberg/v. Nitzsch: Behavioral Finance, 2004, S. 86 ff.

vorkommen. Haben wir die Aktien z. B. mal zu 100 Euro erworben und stehen sie jetzt bei 360 ist es uns fast egal, ob sie noch auf 370 steigen oder nicht. Das könnte uns dazu bringen, Gewinne vorzeitig zu realisieren, nach dem Motto: „Sicher ist sicher" oder „von Gewinnmitnahme ist noch keiner arm geworden". Tatsächlich würde uns ein Rückgang auf der Kurve mehr schmerzen als uns ein weiterer Anstieg erfreuen könnte.

Haben wir Verlust erlitten, ist dies wegen der ausgeprägten Verlustaversion besonders bitter. Kahneman schätzte, dass Verluste etwa 2,5-mal mehr wiegen als Gewinne in gleicher Höhe. Die Hemmschwelle die Aktie zu verkaufen ist daher sehr hoch. Wir werden risikofreudiger, bleiben investiert und manche kaufen sogar noch Aktien dazu, um den durchschnittlichen Einstiegskurs zu drücken. Das macht alles noch riskanter und irgendwann haben wir soviel verloren, dass wir weit vom Referenzpunkt entfernt sind. Sind unsere 100 Euro Aktien nur noch 20 Euro wert, werden wir bei einem weiteren Kursverlust auf 15 Euro fast gleichgültig und sagen: „Jetzt lohnt es sich auch nicht mehr zu verkaufen". So machen wir es genau verkehrt herum: Wir realisieren Gewinne eher zu früh und Verluste am liebsten überhaupt nicht.

Wir sollten uns dabei bewusst machen, dass die Verankerung an einen alten Kaufkurs irrational ist. Wir haben schon ganz am Anfang gesagt, dass rationales Verhalten nur auf die Zukunft gerichtet ist. Die Entscheidung, ob wir eine Aktie verkaufen oder behalten, darf nur auf unseren Einschätzungen der zukünftigen Kursentwicklung beruhen und nicht darauf, was die Aktie irgendwann in der Vergangenheit mal gekostet hat, egal ob wir nun beim Verkauf Gewinne realisieren oder Verluste. Das ist aber leichter gesagt als getan. Am besten geben Sie gleich beim Aktienkauf eine „stop-Loss" Order auf. Damit wird bei einem Kursrückgang unter einen bestimmten Wert automatisch verkauft. So können Sie sich selber austricksen. Das Gefährliche ist nämlich, dass diese Effekte auch noch wirksam sind, wenn sie diese, so wie Sie, lieber Leser, kennen.

Zum Abschluss stellen wir Ihnen noch die *Omission-Bias* vor, die eng mit der *Regretaversion* in Verbindung steht. Das ist das Bestreben, möglichst keine Fehlentscheidung zu treffen. In dem Experiment von Baron/Ritov[21] ging es wieder um ein medizinisches Problem. Eine tödliche Kinderkrankheit breitet sich aus. Man weiß, dass von 10.000 Kindern 10 erkranken und sterben werden. Es gibt aber eine Schutzimpfung, die die Ansteckung verhindert, selber jedoch auch ein Lebensrisiko beinhaltet. Die Frage an die Probanden war nun: Wie hoch darf die Sterblichkeitsrate der Impfung bei 10.000 Kinder sein, damit Sie ihr Kind impfen lassen?

Die rationale Antwort ist natürlich: Alles bis zu max. 10. Aber die Probanden lassen ihre Kinder nur impfen, wenn im Durchschnitt der Wert bei ca. 5,5 liegt!

---

[21] Baron, J./Ritov I.: Reference points and omission bias, Organizational Behavior and Human Decision Processes, Vol. 59 (1994), S. 475–498.

Das ist rational nicht zu erklären und wäre im Ernstfall bodenloser Leichtsinn. Aber für den möglichen Tod bei der bewusst vorgenommenen Handlung „Impfung" würden wir uns mehr verantwortlich fühlen als für den Tod durch die Krankheit. Eine Handlung erscheint uns per se als risikoreicher als erstmal nichts zu tun. Das ist ein fataler Fehler, denn wie schon im Eingangskapitel erwähnt: Entscheidungstheoretisch ist Nichtstun auch eine Handlungsalternative, für deren Folge der Entscheider in gleichem Maße Verantwortung trägt.

II. Spieltheorie

1. Eine Einführung in die Spieltheorie

Stellen wir uns einen Schirmhersteller vor, der darüber zu entscheiden hat, ob er im kommenden Sommer Sonnen- oder Regenschirme produzieren soll. Wenn Sie jetzt sagen, dass dies vor allem eine Frage der Temperaturen und der Regentage ist, haben wir ein typisches Problem der Entscheidungstheorie: Die Umweltzustände müssen modelliert und mit Wahrscheinlichkeiten versehen werden. Wenn Sie aber sagen, dass es wesentlich darauf ankommt, was andere Wettbewerber anbieten werden, dann haben wir ein strategisches Entscheidungsproblem, oder anders gesagt, ein Problem für die *Spieltheorie*.

In der Spieltheorie geht es um solche strategischen Entscheidungen, bei denen das spätere Ergebnis auch von der Entscheidung eines anderen Akteurs abhängt. Da man solche Situationen bei vielen Strategiespielen kennt, wie z. B. beim Schach, hat sich dafür der Name Spieltheorie etabliert. Der Begriff „Spiel" ist also nicht unbedingt wörtlich zu nehmen, sondern ein Synonym für eine Situation, in der mindestens zwei „Spieler" Einfluss auf die Ergebnisse auch des jeweils Anderen haben.

Begründet wurde die Spieltheorie durch den ungarisch-amerikanischen Mathematiker John von Neumann in den 30er Jahren als Zweig der angewandten Mathematik. Im 2. Weltkrieg beriet von Neumann dann die amerikanischen Militärs mit Hilfe der Spieltheorie bei der Auswahl von Kriegsstrategien. Mit dem Buch „Theory of Games and Economic Behavior", 1944, von Neumann und Morgenstern, kam dann der Durchbruch als eigenständige Wissenschaft. Dieses Werk beschäftigte sich jedoch nur mit einem besonderen Typ von Spielen, den Nullsummenspielen, bei denen der Gewinn des Einen immer der Verlust des Anderen ist. Im militärischen Bereich ist das fast immer so, aber in anderen Disziplinen ist das eher ein Sonderfall. So dauerte es noch Jahrzehnte und es bedurfte neuer Konzepte, bis sich die Spieltheorie dann insbesondere in den Sozial- und Wirtschaftswissenschaften zunehmend ausbreitete. Heute ist sie schon so etwas wie ein Standardwerkzeugkasten für viele Problemstellungen.

Als Jahr des endgültigen Durchbruchs darf man wohl aus heutiger Sicht 1994 nennen, in dem John F. Nash, John C. Harsanyi und Reinhard Selten den Nobelpreis für Wirtschaftswissenschaften für ihre spieltheoretischen Konzepte bekamen. Reinhard Selten (1920–2016) ist übrigens bis heute der einzige Deutsche, der in dem Bereich Wirtschaftswissenschaften einen Nobelpreis bekommen hat. Insbesondere werden wir uns aber den bahnbrechenden Konzepten von John F. Nash (1928–2015) widmen. Kinogängern unter unseren Lesern ist die Person Nash vielleicht auch aus dem Spielfilm „A Beautiful Mind" bekannt, der seinen Lebensweg und seine Krankheit zum Inhalt hat.

Die *Normalform*, um so eine spieltheoretische Situation abzubilden, ist die *Spielmatrix*. Sie erlaubt zwar nur die Darstellung von einfachen Situationen mit lediglich zwei Spielern, doch lassen sich wesentliche Erkenntnisse der Spieltheorie bereits damit abbilden. Tabelle 15 zeigt ein Beispiel für eine Spielmatrix:

Tabelle 15
Normalform der Spielmatrix

Spieler 2 \ Spieler 1	B_1	B_2	B_3
A_1	4/4	2/1	1/1
A_2	1/1	3/2	4/1
A_3	5/1	1/2	2/4

Im Gegensatz zur Entscheidungsmatrix sind hier sowohl in den Zeilen als auch in den Spalten Handlungsalternativen aufgeführt, nur das diese in der Spieltheorie Strategien heißen. Man spricht auch vom Zeilenspieler und vom Spaltenspieler. In den Feldern stehen dann die Ergebnisse (*Pay-offs*) beider Spieler, wobei die erste Zahl das Resultat des Zeilenspielers angibt und die zweite Zahl das Resultat für den Spaltenspieler. Sollte sich also hier der Zeilenspieler für A3 und der Spaltenspieler für B2 entscheiden, so erhält A einen Pay-off von 1 und B von 2.

Die Spieltheorie sucht nun nach „Lösungen" für ein Spiel. Darunter versteht man das zu erwartende Ergebnis bei individuell rational entscheidenden Spielern. Wir können also mit der Spieltheorie voraussagen, was bei einem Spiel herauskommen wird bzw. wir können den Spielern Hinweise zur richtigen Strategiewahl liefern. Das Lösungskonzept, auf das wir uns hier beziehen werden, stammt von John Nash und heißt „*Nash-Gleichgewicht*". Darunter versteht man die Strategiekombination, bei der keiner der Spieler einen Grund hat, von seiner gewählten Strategie abzuweichen, wenn der Andere es auch nicht tut.[22] Was das im Einzelnen bedeutet und wie man dann solche Gleichgewichte findet, werden wir uns in den folgenden Abschnitten erarbeiten.

Die Lösung wird wesentlich von den „Spielregeln" abhängen. Wir unterscheiden:

Nicht-kooperative Spiele: Die Spieler dürfen sich nicht absprechen (Kapitel 2, 3, 4).

Kooperative Spiele: Die Spieler einigen sich gemeinsam auf eine Lösung (Kapitel 4).

---

[22] Eine formale Definition findet man u. a. bei Rieck: Spieltheorie, 2006, S. 182.

Symmetrische Information:	Die Informationen sind gleich verteilt wie beim Schach (Kapitel 2, 3, 4, 5).
Asymmetrische Information:	Die Informationen sind unterschiedlich verteilt wie beim Poker (Kapitel 6).
Simultane Spiele:	Die Spieler entscheiden gleichzeitig ohne Kenntnis der Strategiewahl des Anderen (statische Spiele).
Sequentielle Spiele:	Die Spieler wählen ihre Strategie hintereinander, wobei der Zweite die Wahl des Ersten kennt (dynamische Spiele).
Einmalige Spiele:	werden nur einmal gespielt.
Wiederholte Spiele:	werden mehrmals oder sogar unendlich oft gespielt (sog. Superspiele).
Diskrete Spiele:	haben eine endliche Anzahl von Strategien und können bei 2 Spielern in der Normalform dargestellt werden.
Stetige Spiele:	haben unendlich viele Strategien und werden über stetige Funktionen modelliert.

In der ökonomischen Anwendung ist es weiterhin üblich, Lösungen danach zu bewerten, ob sie ein Optimum darstellen. Dabei verwendet man das Kriterium der *Pareto-Effizienz*[23] (auch *Pareto-Optimum* oder pareto-superior genannt). Es stammt von Vilfredo Pareto (1848–1923) und bezeichnet eine Situation, in der sich mindestens ein Spieler nicht mehr verbessern kann oder nur noch zum Nachteil eines anderen Spielers. Entsprechend ist eine Lösung pareto-ineffizient oder pareto-inferior, wenn sich für mindestens einen Spieler noch eine Verbesserung erzielen lässt, ohne dass sich der Andere dabei verschlechtert. Ob ein Feld einer Spielmatrix pareto-optimal ist oder nicht, sagt aber nichts darüber aus, ob es auch eine „Lösung" des Spiels ist.

Im folgenden Kapitel werden wir nun zunächst einige typische Spiele vorstellen, und sie auf Nash-Gleichgewichte und pareto-optimale Felder hin untersuchen.

---

[23] Vgl. Stobbe: Volkswirtschaftslehre II. Mikroökonomik, 1983, S. 371.

2. Spiele mit einem Gleichgewicht (in reinen Strategien)

2.1 Der Klassiker: Das Gefangenendilemma

Das wohl berühmteste Spiel, das die Spieltheorie zu bieten hat, ist das Gefangenendilemma. Vermutlich hat es Albert W. Tucker[24], der Doktorvater des berühmten John Nash, während eines Vortrages Anfang der 50er Jahre spontan „erfunden", seitdem ist es in allen möglichen Varianten im Umlauf. Wir erzählen es so:

Zwei bekannte Diebe werden bei einem versuchten Bankraub verhaftet und dann getrennt verhört. Wer das Delikt gesteht und gegen den Anderen aussagt, wird als Kronzeuge auf Bewährung freigelassen, wenn der Andere leugnet, kommt dieser für 6 Jahre ins Gefängnis. Gestehen beide, wird kein Kronzeuge gebraucht, beide kommen für 3 Jahre in Haft. Leugnen beide, kann man ihnen den geplanten Raub nicht nachweisen und sie nur wegen unerlaubten Waffenbesitzes für 1 Jahr einsperren.

Das Spiel kann man in eine Spielmatrix aufbereiten, die Pay-offs sind hier die (negativen) Jahre, die sie im Gefängnis verbringen müssten:

Tabelle 16
Spielmatrix zum Gefangenendilemma

Dieb 2 \ Dieb 1	Gestehen	Nicht gestehen
Gestehen	−3/−3	0/−6
Nicht gestehen	−6/0	−1/−1

Das Dilemma besteht nun darin, dass „eigentlich" beide stur leugnen sollten, um mit einer geringen Strafe davonzukommen. Andererseits: Die Strategien „gestehen" sind strikt dominante Strategien und die sollten doch, nach dem was wir aus der Entscheidungstheorie wissen, immer gewählt werden. Was also ist hier die richtige Lösung? So naheliegend es scheinbar ist, hier stur zu leugnen, eine realistische Lösung ist es tatsächlich nicht. Es wäre nicht strategisch-rational gedacht. Geht der Zeilenspieler A davon aus, dass der Spaltenspieler B leugnen wählt, so wäre es eben nicht am Besten, ebenfalls zu leugnen, sondern zu gestehen und als Kronzeuge frei zu kommen. Da B genauso die Lage analysieren wird, wird auch er gestehen. Das Feld „gestehen/gestehen" ist ein Nash-Gleichgewicht, da sich hier kein Spieler durch einen Strategiewechsel verbessern kann, wenn der Andere auch bei seiner Strategie bleibt. Wir haben es bei Nash-Gleichgewichten mit gedanklich „stabilen" Lösungen zu tun.

---

[24] Tucker, Albert W.: The Prisoner's Dilemma, Journal of Undergraduate Mathematics and its Applications, 1980, S. 101.

Nash-Gleichgewichte lassen sich widerspruchsfrei mit dem Dominanzkriterium der Entscheidungstheorie vereinbaren. Eine strikt dominante Strategie ist immer auch eine Nash-Strategie. Pareto-optimal ist die Lösung natürlich nicht, aber es ist trotzdem der wahrscheinlichste und plausibelste Ausgang dieses Spiels. Interessanterweise sind in einem Gefangenendilemma alle Felder pareto-optimal, außer dem Nash-Gleichgewicht. Das Gefangenendilemma ist ein Beispiel dafür, dass individuell-rationales Verhalten in nicht-kooperativen Spielen zu pareto-ineffizienten Lösungen führen kann. Nun wird uns dies in diesem Falle nicht stören (den Dieb natürlich schon), aber aus Sicht der Polizei und der Gesellschaft ist das natürlich der gewünschte Ausgang, schließlich gehören beide Gauner hinter Gitter!

Man kann Spieltheorie auch umdrehen und sich fragen: Welche Lösung ist erwünscht und wie muss das Spiel gestaltet werden, damit das Wunschergebnis zustande kommt. Das ist die Frage nach dem *„Mechanismusdesign"*. Im Sinne des Mechanismusdesigns ist das Gefangenendilemma durch die getrennten Verhöre (nicht-kooperatives Spiel) optimal gestaltet.

Sobald wir aber das Spiel auf eine ökonomische Anwendung bringen, kommen wir schnell zu anderen Schlussfolgerungen. Betrachten wir folgenden Fall: Eine Straßenbeleuchtung, Kosten 100 GE, soll in der Straße von Meier und Müller gebaut werden. Beide bewerten den Nutzen der Beleuchtung mit 80 GE. Wer die Beleuchtung möchte, muss die Kosten tragen. Wollen beide den Bau, werden die Kosten geteilt.

Die Spielmatrix zeigt die Pay-offs in Form von geldwerten Nutzen:

Tabelle 17
Spielmatrix für die Straßenbeleuchtung

Müller \ Meier	Bauen	Nicht bauen
Bauen	30/30	–20/80
Nicht bauen	80/–20	0/0

„Nicht bauen" ist für beide strikt dominant und damit die Nash-Strategie. Das pareto-ineffiziente Nash-Gleichgewicht ist 0/0, die Beleuchtung wird nicht gebaut. Schade, beide könnten sich verbessern, wenn sie sich die Kosten teilen, aber sie stecken nun mal in einem typischen Gefangenendilemma: Das individuell rationale Verhalten führt zu einer ineffizienten und hier auch allgemein unbefriedigenden Lösung.

Bei einem „öffentlichen Gut", wie der Straßenbeleuchtung[25], führt das Gefangenendilemma zu „Marktversagen". Es ist eben nicht so, wie die klassische Wirt-

---

[25] Öffentliche Güter sind Güter, von deren Nutzung man niemand ausschließen kann, auch den nicht, der sich nicht an den Kosten beteiligt. Ist die Straßenbeleuchtung erstmal da, leuchtet sie für alle.

schaftstheorie unterstellt, dass die Egoismen des freien Marktes immer zur maximalen gesellschaftlichen Wohlfahrt führen. Stellen wir uns die Frage nach dem Mechanismusdesign, was also ist der Ausweg aus dem Dilemma? Naheliegend wäre es, die Spielregeln zu ändern und ein kooperatives Spiel zu spielen: Meier und Müller sollen sich mal zusammensetzen und darüber verhandeln. Was dann passiert werden wir in Kapitel 5 zeigen. Die andere Möglichkeit: Wir streichen die Strategie „Nicht bauen" aus dem Spiel! In der Praxis heißt das: der Gemeinderat beschließt den Bau der Beleuchtung und ordnet die Teilung der Kosten an. Basta! Beim Marktversagen ist dann doch der regulierende Eingriff des Staates nötig, um die optimale Lösung herbeizuführen.

Gerne wird das Gefangenendilemma auch bei Preisbildungsspielen als Erklärungsansatz verwendet. Tabelle 18 zeigt die Matrix zweier Tankstellenpächter, die an einer Ausfallstraße direkt gegenüber ihr Benzin verkaufen und die zwischen einem hohen Preis (HP) und einem niedrigen Preis (NP) entscheiden müssen[26]. Die Matrix zeigt als Pay-offs die Gewinne.

Tabelle 18
Spielmatrix der Tankstellenpächter

Pächter 2 \ Pächter 1	HP	NP
HP	10/10	0/15
NP	15/0	5/5

Wieder ist es ein typisches Gefangenendilemma, die Wahl der dominanten Strategie NP führt zur einzigen (pareto-ineffizienten) Lösung des Spiels. Beide könnten mehr Gewinn erzielen, wenn sie jeweils HP wählen, aber das ist eben keine strategische Gleichgewichtslösung. Hier könnte man als Ausweg wieder die Kooperation suchen. Doch in diesem Fall ist die Ineffizienz wieder gewünscht. Es gibt ja noch einen in der Matrix unsichtbaren dritten Spieler und das ist hier der Verbraucher, der von dieser Wettbewerbssituation profitiert. Insofern hat das Spiel also das richtige Mechanismusdesign, außer für die beiden Anbieter natürlich. Damit die nicht den Ausweg aus dem Dilemma über eine Kooperation suchen, stellt der Gesetzgeber dieses im Wettbewerbsrecht als „unerlaubte Preisabsprache" unter Strafe.

Vielleicht werden Sie an dieser Stelle einwenden, dass die Lösung unserer Erfahrung widerspricht, erleben wir doch gerade bei Tankstellen, dass die Preise oft im Gleichschritt angehoben werden. Man muss deshalb aber nicht gleich unerlaubte Preisabsprachen vermuten.

---

[26] Vgl. Feess: Mikroökonomie, 1997, S. 56.

Der Grund liegt in den Spielregeln. Während das originale Gefangenendilemma ein einmaliges Spiel ist, ist unser Tankstellenspiel ein wiederholtes Spiel, schließlich können unsere Tankstellen jeden Tag aufs Neue über die Preise entscheiden. Das Nash-Gleichgewicht gilt aber nur für einmalige Spiele. Haben wir es mit solch einem unendlich oft wiederholten Spiel zu tun (Superspiel), wird es schwieriger. Eine eindeutige mathematische Lösung gibt es nicht, außer der Erkenntnis, dass nahezu alle Punkte Nash-Gleichgewichte im Superspiel sein können, dies ist eines der sog. *Folk-Theoreme*[27]. So nennt man in der Spieltheorie jene Erkenntnisse, von denen niemand mehr weiß, wer diese zuerst entdeckt hat.

Versuchen wir es mal mit gesundem Menschenverstand: In einem wiederholten Spiel, kommt es nicht auf den Erfolg in einer Periode an, sondern auf die Summe aller Perioden. Da ist es denkbar, ganz ohne Absprache, mal einen Versuchsballon zu starten und auf den hohen Preis umzustellen. Dieses nennt sich Trigger-Strategie, wir wollen damit ein Signal aussenden. Der Wettbewerber hat kurzfristig davon einen höheren Erfolg und wir selber erst einmal weniger in dieser Runde. Doch kann sich der Konkurrent denken, dass wir schnell wieder auf den niedrigen Preis zurückgehen, es sei denn, er greift das Signal auf, verzichtet auf kurzfristige Übergewinne und stellt auch auf den hohen Preis um, dann könnten beide dabei bleiben und dauerhaft höhere Gewinne erzielen. Im Superspiel wäre das ein stabiler Gleichgewichtszustand und dazu noch pareto-optimal.

Dieser Gedankengang gilt aber theoretisch nur für Spiele mit unendlich vielen Perioden. Ist die Periodenanzahl begrenzt und bekannt, z. B. 5 Perioden, sieht es schon wieder anders aus. In der 5. und letzten Periode ist das Spiel wie ein einmaliges Spiel zu betrachten, das Nash-Gleichgewicht liegt für beide bei NP. Wenn aber beide wissen, dass in der letzten Runde jeder NP spielt, lohnt es sich in der 4. Runde auch nicht mehr, ein Signal auf HP zu setzen, also werden beide schon in der 4.Runde NP spielen, aber dann wird man in der 3. Runde auch nicht HP spielen usw. Am Ende kommt man zu dem Schluss, dass man bei einer bekannten Zahl von Spielrunden die Nash-Strategie schon ab der ersten Runde spielen wird und daran auch nichts mehr ändert.

Da es für die unendlich wiederholten Spiele keine klare theoretische Lösung gibt, ist es naheliegend, empirisch zu testen, wie man ein wiederholtes Gefangenendilemma spielen kann. Der amerikanische Politikwissenschaftler Robert Axelrod[28] (geb. 1943) bat im Jahre 1979 Wissenschaftler, Computerprogramme für folgendes wiederholtes Gefangenendilemma einzusenden:

---

[27] Güth: Spieltheorie und ökonomische (Bei)Spiele, 1999, S. 88f.
[28] Axelrod, R.: Effective choice in the prisoner's dilemma, Journal of Conflict Resolution 24, 1980, S. 3–25.

Tabelle 19
Spielmatrix zum wiederholten Gefangenendilemma

Spieler 2 \ Spieler 1	Kooperativ	Kompetitiv
Kooperativ	3/3	0/5
Kompetitiv	5/0	1/1

Die Matrix zeigt die jeweiligen Pay-offs als Punkte, die die Programme sammeln konnten. Wir nennen hier die erste Zeile/Spalte die kooperative Strategie und die zweite Zeile/Spalte die kompetitive Strategie. Insgesamt wurden 14 Programme eingereicht. Jedes Programm spielte gegen jedes andere Programm, wie in der Fußballbundesliga. Ein Spiel ging über 200 Runden, was zuvor nicht bekannt war. Gewonnen hatte das Programm mit den meisten Punkten. Es wurden fünf Durchgänge gespielt und daraus die durchschnittliche Punktzahl ermittelt.

Es gewann das Programm *Tit for Tat* (TFT) des Sozialpsychologen Anatol Rapoport (1911–2007) mit 504 Punkten. Das Programm war denkbar einfach gestrickt. In der ersten Runde spielt TFT die kooperative Strategie und dann immer die Strategie, die das andere Programm in der Vorrunde gespielt hatte.

Axelrod hat diesen Wettbewerb 1982 nochmals wiederholt und dann nahmen schon 62 Programme daran teil, darunter wieder TFT und auch diesmal war es nicht zu schlagen[29]. TFT und alle anderen Programme die in die Spitzengruppe kamen hatten folgende Gemeinsamkeiten:

Freundlichkeit: Sie starteten jeweils mit der „freundlichen" kooperativen Strategie.

Provozierbarkeit: Sie reagierten auf eine unfreundliche, kompetitive Strategie des anderen Programms mit dem Wechsel der eigenen Strategie.

Nachsichtigkeit: Sie waren bereit wieder zu freundlichem Verhalten zurückzukehren, wenn das andere Programm sich freundlich verhielt.

Kann man daraus etwas lernen? Vielleicht sind dies ja nicht nur erfolgversprechende Eigenschaften für Computerprogramme in einem wiederholten Gefangenendilemma, sondern auch die Faktoren einer erfolgreichen Lebensführung überhaupt?

---

[29] Axelrod, R.: Die Evolution der Kooperation, 1987.

2.2 Wie man mit den „besten Antworten" zuverlässig Gleichgewichte findet

Bei den Spielen vom Typ „Gefangenendilemma" finden wir die Nash-Gleichgewichte einfach und zuverlässig durch die Wahl der dominanten Strategie. Leider ist es aber häufig so, dass keine Strategie dominant ist. Das ist z.B. bei unserem Eingangsbeispiel der Fall gewesen, das wir jetzt noch mal analysieren wollen (Tabelle 20). Auch dieses Spiel, hat ein Nash-Gleichgewicht. Wie können wir es finden?

Tabelle 20
Spielmatrix zum Eingangsbeispiel

Spieler 2 \ Spieler 1	B_1	B_2	B_3
A_1	4/④	2/1	1/1
A_2	1/1	③/②	④/1
A_3	⑤/1	1/2	2/④

Verlockend scheint das Feld links oben A1/B1 mit der pareto- optimalen Auszahlung 4/4. Doch wenn der Zeilenspieler A tatsächlich davon ausgeht, dass Spaltenspieler B sich für B1 entscheidet, wäre es besser, er würde A3 wählen mit der höheren Auszahlung 5. Diesen Gedanken kann aber B antizipieren und, ausgehend von A3, maximiert er sein Ergebnis, wenn er sich für B3 entscheidet. Wenn A auch diesen Gedankengang nachvollzieht, wird er seine Strategiewahl überdenken und er kommt nun zu dem Schluss, dass er mit A2 den höchsten Pay-off für sich realisiert. Aber auch dieser Gedanke, kann wieder von B vorweggenommen werden und führt zur Erkenntnis, dass B am besten B2 wählt. Wenn A nun von B2 ausgeht, wird er bei A2 bleiben und wenn A bei A2 bleibt, kann B auch bei B2 bleiben. Endlich kommt das Hin und Her der Gedankenspiele zur Ruhe: A2/B2 mit 3/2 ist das Nash-Gleichgewicht (NG) dieses Spiels. Keiner hat mehr Grund von dieser Strategie abzuweichen, wenn es der Andere auch nicht tut. Daran, dass das Ergebnis nicht pareto-optimal ist, haben wir uns mittlerweile schon gewöhnt. (Pareto-optimal wären hier A1/B1 und A3/B1.)

Die gute Nachricht ist, dass wir es viel einfacher haben können das NG zu finden, wenn wir anstelle dieser Gedankenkette den Lösungsalgorithmus *„Beste Antworten"* einsetzen. Dabei gehen wir wie folgt vor:

Zunächst versetzen wir uns in den Zeilenspieler und überlegen, was wäre die beste Antwort, die A bei gegebener Strategiewahl des B jeweils geben könnte? Wir suchen also in jeder Spalte den höchsten Wert für A. Er würde dann bei B1 A3, bei B2 A2 und bei B3 wieder A2 als beste Antwort wählen. Die Werte markieren

2. Spiele mit einem Gleichgewicht (in reinen Strategien) 57

wir durch einen Kreis um die Auszahlung. Nun versetzen wir uns in den Spaltenspieler B und suchen zu jeder Zeile, die A wählen könnte, den maximalen Wert für B. Seine besten Antworten wären hier bei A1 B1, bei A2 B2 und bei A3 ist es B3. Auch hier umkreisen wir die Werte der besten Antwortstrategie. Wir sehen nun, dass es genau ein Feld gibt, indem sowohl die Werte des A als auch des B umkreist sind: Es ist das Feld A2/B2! Diese ist das schon bekannte NG des Spiels. Dieser Lösungsalgorithmus funktioniert zuverlässig bei allen Normalformspielen. Ein NG ist ein Feld, bei dem wechselseitig beste Antworten vorliegen.

Die gefundene Lösung gilt für ein simultanes Spiel. Es kann sich ein anderes Ergebnis einstellen, wenn wir von einem sequentiellen Ablauf des Spiels ausgehen. Es empfiehlt sich hierbei die Normalform aufzugeben und die sog. *Extensivform* zu wählen. Wir zeichnen dazu einen *Spielbaum*. (Abbildung 13) Die Annahme sei, dass A zuerst entscheidet und dann wählt B unter Kenntnis der Entscheidung des A seine Strategie.

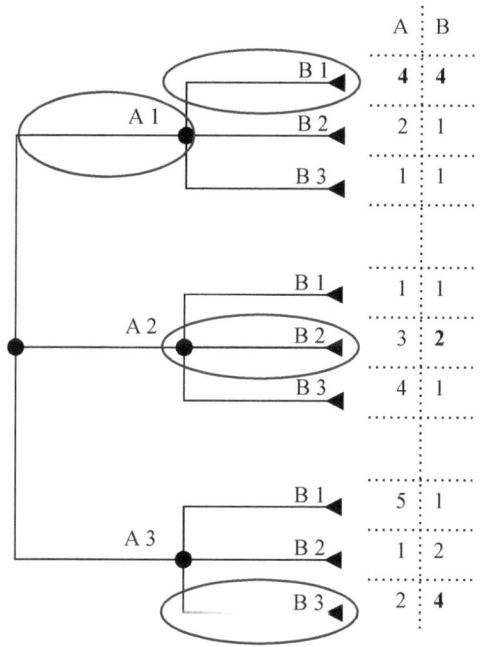

Abbildung 13: Spielbaumbeispiel.

Der Spielbaum beginnt im ersten Entscheidungsknoten mit Spieler A und seinen drei möglichen Strategien. Von jedem der drei neuen Entscheidungsknoten die dadurch entstehen, hat nun B je drei Strategien zur Verfügung zwischen denen er wählen kann. Man bezeichnet die drei verschiedenen Varianten, die Spieler A vorgeben kann, als Teilspiele, auf die dann B seine besten Antworten gibt. Die Ergebnisse von A und B schreiben wir hinter die 9 Ergebnisknoten des Spiels.

Das sequentielle Spiel lösen wir durch *„backward induction"* (Rückwärtsinduktion). Wir betrachten zunächst die besten Antworten des B, obwohl der ja erst als Zweiter entscheidet. Die besten Antworten des B in den Teilspielen sind: B1 nach A1, B2 nach A2 und B3 nach A3. Die Lösungswege können wir durch umkreisen markieren. Da A diese Strategien des B voraussehen kann, weiß er auch, welche Ergebnisse er für sich zu erwarten hat. So wird er sich für A1 entscheiden, da A1/B1 das für ihn beste Ergebnis aller möglichen Ergebnisse bringt. Wenn wir auch diesen Pfad umkreisen, haben wir den Lösungsweg A1/B1 durchgängig gekennzeichnet. Die Idee, den Lösungsweg so zu kennzeichnen, bezeichnet man als *„Zermellos Algorithmus"*.[30]

Interessanterweise haben hier beide Spieler einen Vorteil davon, wenn A sich vor B entscheidet. Das Ergebnis 4/4 ist für jeden besser als 3/2. Spieler A hat einen „fist-mover-advantage" und B einen „second-mover-advantage". Das ist aber eine Ausnahme. Die meisten Spiele haben generell entweder einen „first-mover-advantage" oder einen „second-mover-advantage", der für beide Spieler gilt. Außerdem ist das Ergebnis des sequentiellen Spiels i.d.R. davon abhängig, wer den ersten Zug machen darf. Hätten wir angenommen, dass sich B zuerst entscheidet, hätte unsere Spielbaumanalyse uns wieder zu dem simultanen Ergebnis A2/B2 geführt, was Sie gerne einmal selber ausprobieren können.

Betrachten wir stattdessen ein anderes Spiel aus den militärischen Anfängen der Spieltheorie. Es stammt aus dem 2. Weltkrieg und ist als „Battle of the Bismarck Sea"[31] bekannt: Der Feind kann einen Angriff mit seiner Schiffsflotte über die Nordroute (NR) oder die Südroute (SR) einleiten. Der Verteidiger kann seine Flugzeugstaffel auch entweder auf die Süd- oder die Nordroute dirigieren. Wenn beide Parteien die gleiche Route nutzen, können die Flugzeuge auf der Südroute die Schiffe 3 Tage lang bombardieren; wegen des schlechteren Wetters auf der Nordroute sind es dort 2 Tage. Hat der Verteidiger die Flugzeuge auf eine andere Route als die Schiffe positioniert, geht durch das Umdirigieren jeweils ein Tag zum Bombardieren verloren.

Tabelle 21
Spielmatrix zum „Battle of the Bismarck Sea"

Flieger \ Schiffe	Nordroute	Südroute
Nordroute	②/②	2/②
Südroute	1/①	③/-3

---

[30] Vgl. Riechmann, Thomas: Spieltheorie, 2002, S. 40.
[31] Vgl. Bernighaus/Ehrhart/Güth: Strategische Spiele, 2002, S. 19.

2. Spiele mit einem Gleichgewicht (in reinen Strategien)

Die Situation ist in der Spielmatrix der Tabelle 21 dargestellt. Die „Auszahlungen" sind hier die Anzahl der Tage, in denen die Bombardierung möglich ist. Für den Spieler „Flugzeuge" sind das positive Werte für die „Schiffe" sind das negative Werte. Der eine bombardiert, der andere wird bombardiert. Wir haben hier ein typisches *Nullsummenspiel*, wie sie in den Anfängen der Spieltheorie ausschließlich betrachtet wurden. Der Name kommt daher, dass die Summe der Werte in den Feldern überall Null ist. Nullsummenspiele konnte man auch schon lösen, bevor das Nash-Gleichgewicht existierte. Es lässt sich nämlich zeigen, dass man nach der altbekannten Maximin-Regel entscheiden muss. Heute brauchen wir aber keine Sonderlösungen für Nullsummenspiele mehr. Das Nash-Gleichgewicht ist ein universelles Konzept und kann in jedem Normalformspiel über die „Besten Antworten" einfach ermittelt werden. Wenn wir die Methode der „Besten Antworten" hier anwenden, dann sehen wir, dass die „Schiffe" bei der Strategie NR der „Flugzeuge" zwei beste Antworten haben, da NR und SR zum selben Ergebnis führen. Wir umkreisen dann auch beide Werte. Die Lösung ist aber eindeutig: Beide Seiten wählen die Nordroute. Nur hier liegen wechselseitig beste Antworten vor. Für die „Schiffe" ist NR ohnehin eine schwach dominante Strategie.

Die Frage nach der Effizienz der gefundenen Lösung stellt sich hier nicht weiter, denn bei Nullsummenspielen sind alle Felder pareto-optimal. Jede Verbesserung eines Spielers geht immer zu Lasten des Anderen.

Auch dieses Spiel wollen wir in einer sequentiellen Variante im Spielbaum darstellen (Abbildung 14). Unsere Annahme ist, dass die „Schiffe" zuerst entscheiden, welche Route sie nehmen und nachdem dies bekannt ist, entscheiden die „Flugzeuge" über ihre Position. Dabei zeigt sich, dass die Flugzeuge in jedem der beiden Teilspiele natürlich die bekannte Route der Schiffe wählen. Die Schiffe wählen deshalb die Nordroute um dort von schlechtem Wetter zu profitieren. Die Lösung ist identisch mit der simultanen Lösung, was aber kein Zufall ist. Es gehört zu den Besonderheiten von Nullsummenspielen, dass die simultane Lösung auch eine Lösung für eine sequentielle Variante ist.

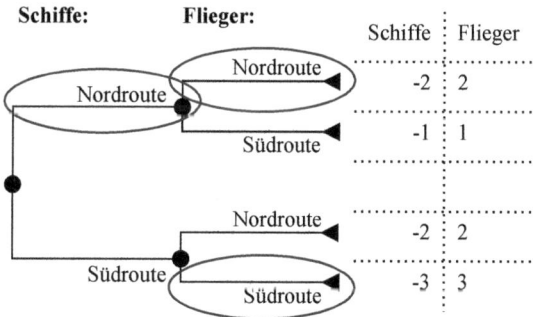

Abbildung 14: Spielbaum zum „Battle of the Bismarck Sea".

Drehen wir die Reihenfolge der Spieler um und lassen die Flugzeuge zuerst in Position gehen, kommen wir im Spielbaum zu zwei Lösungen. Die Flugzeuge werden eindeutig mit dem Teilspiel NR eröffnen, aber die Schiffe sind nun indifferent zwischen den Routen, da die Ergebnisse genau gleich sind. Das Spiele mehrere Lösungen haben können, wird uns später in Kapitel 4 noch weiter beschäftigen.

2.3 Wie man bei stetigen Spielen Gleichgewichte findet

In den bisherigen Spielen gab es immer eine klar definierte Anzahl von Strategien. Es waren diskrete Spiele. Gerade bei Preisbildungsspielen, wie etwa unserem Tankstellenspiel aus dem Abschnitt 2.1, stehen aber eigentlich nicht nur ein niedrigerer und ein höherer Preis zur Auswahl, sondern theoretisch alle Preise zwischen Null und unendlich. Wenn wir das berücksichtigen wollen, können wir keine Spielmatrix mehr aufstellen. Wir können das Problem jedoch über stetige Funktionen mit etwas Mathematik lösen.

Als Beispiel dazu verwendet man in der Literatur häufig ein homogenes Oligopol nach Cournot[32] mit kostenfreier Produktion und Mengenwettbewerb, was jedoch wegen des geringen Realitätsgehaltes unanschaulich bleibt. Wir wählen stattdessen einen Markt mit Preiswettbewerb zweier Anbieter mit substitutiven aber ungleichen Gütern (heterogenes Dyopol), auch bekannt als Oligopol nach Launhardt-Hotelling.[33]

Anbieter 1 verfügt über folgende Preis-Absatz-Funktion:

(1) $\qquad x_1 = 100 - 2p_1 + p_2$

Dabei ist x_1 seine Absatzmenge und p_1 sein Preis während p_2 für den Preis des Anbieters 2 steht. Anbieter 1 verkauft umso mehr, je niedriger sein Preis ist (negative direkte Preiselastizität) und umso mehr, je höher der Preis seines Konkurrenten ist (positive indirekte Preiselastizität). Seine Kosten sind:

(2) $\qquad K_1 = 10 x_1$

Sein Gewinn setzt sich zusammen aus den Erlösen abzüglich der Kosten und damit:

(3) $\qquad \begin{aligned} G_1 &= x_1 \cdot p_1 - K_1 \\ &= (100 - 2p_1 + p_2) \cdot p_1 - 10 \cdot (100 - 2p_1 + p_2) \\ &= -2p_1^2 + 120 p_1 + p_1 p_2 - 10 p_2 - 1000 \end{aligned}$

---

[32] Vgl. z. B. Holler/Illing: Einführung in die Spieltheorie, 2003, S. 57 ff.
[33] Vgl. Feess: Mikroökonomie, 1997, S. 424 ff.

2. Spiele mit einem Gleichgewicht (in reinen Strategien)

Er strebt nach maximalem Gewinn und sein Entscheidungsparameter ist sein Preis p_1. Zur Bestimmung des Gewinnmaximums leiten wir die Gewinnfunktion (3) nach p_1 ab und setzen diese Null:

(4) $\qquad G'_1(p_1) = -4p_1 + 120 + p_2 \overset{!}{\longrightarrow} 0$

Sein Gewinnmaximum wird also durch seinen Preis und den Preis des Konkurrenten bestimmt. Die Gleichung kann nicht aufgelöst werden, aber wir können diese nach p_1 umstellen und erhalten seine „Beste-Antwort-Funktion" (BAF$_1$)

(5) $\qquad BAF_1 : p_1 = 30 + 0{,}25 p_2$

Die Beste-Antwort-Funktion gibt an, welchen Preis er wählen soll, wenn der Preis des Anderen gegeben ist. Im Normalformspiel sind das die umkreisten Punkte in der Matrix, hier liegen alle besten Antworten auf einer stetigen Funktion. Wir sehen, dass er einen höheren Preis verlangen kann, je höher der Preis des Konkurrenten sein wird.

Nun beschäftigen wir uns mit Anbieter 2 und gehen hier genauso vor. Er habe die Preis-Absatz-Funktion:

(6) $\qquad x_2 = 120 - 2p_2 + p_1$

und die Kostenfunktion:

(7) $\qquad K_2 = 12 x_2$

Daraus ergibt sich für den Gewinn:

(8) $\qquad \begin{aligned} G_2 &= x_2 \cdot p_2 - K_2 \\ &= (120 - 2p_2 + p_1) \cdot p_2 - 12 \cdot (120 - 2p_2 + p_1) \\ &= -2p_2^2 + 144 p_2 + p_1 p_2 - 12 p_2 - 1440 \end{aligned}$

Sein Gewinnmaximum erreicht er bei:

(9) $\qquad G'_2(p_2) = -4p_2 + 144 + p_1 \overset{!}{\longrightarrow} 0$

Seine „Beste-Antwort-Funktion" ist:

(10) $\qquad BAF_2 : p_2 = 0{,}25 p_1 + 36$

Wir suchen nun zunächst eine anschauliche zeichnerische Lösung, indem wir uns die beiden BAF's näher anschauen. Um diese im selben Koordinatensystem darstellen zu können, bilden wir aus der BAF$_2$ des zweiten Anbieters die Umkehrfunktion:

(11) $\qquad BAF_2 : p_1 = 4p_2 + 144$

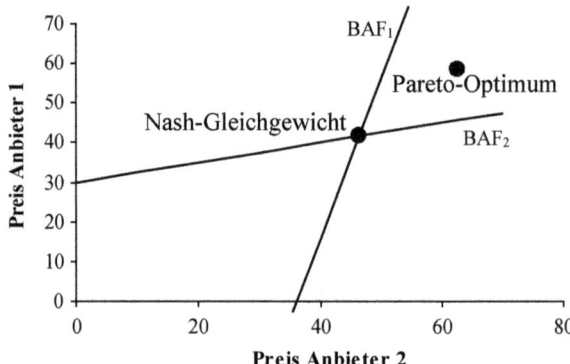

Abbildung 15: „Beste-Antwort-Funktionen" der beiden Anbieter.

Abbildung 15 zeigt den Verlauf der beiden Beste-Anwort-Funktionen (5) und (11). Aus den Normalformspielen wissen wir, dass im Nash-Gleichgewicht beidseitig beste Antworten vorliegen. Das ist hier im Schnittpunkt der BAF's der Fall. Damit hat auch dieses stetige Spiel ein eindeutiges NG, das wir durch Gleichsetzen der BAF_1 (5) mit der BAF_2 (11) problemlos ermitteln können. Es führt hier zu folgendem Ergebnis:

Anbieter 1 verlangt einen Preis in Höhe von $p_1 = 41{,}60$ und kann damit einen Gewinn von $G_1 = 1997{,}12$ erzielen.

Anbieter 2 verlangt einen Preis in Höhe von $p_2 = 46{,}40$ und kann damit einen Gewinn von $G_2 = 2366{,}72$ erzielen.

Es ist hier nicht sofort zu erkennen, ob es sich um ein pareto-optimales NG handelt. Aber wir können auch das rechnerisch überprüfen. In einem stetigen Spiel ist eine Lösung dann pareto-optimal, wenn der Gesamtgewinn beider Anbieter in der Summe maximal wird. Ist das nicht der Fall, gibt es immer noch eine andere Lösung bei der sich beide verbessern können oder zumindest einer, ohne dass dies zu weniger Gewinn beim Anderen führt.

Um das Pareto-Optium zu bestimmen, müssen wir also das Maximum der Gesamtgewinnfunktion suchen. Die Gesamtgewinnfunktion (G) erhalten wir durch einfache Addition der Gewinnfunktionen (3) und (8):

(12) $\qquad G = -2p_1^2 - 2p_2^2 + 108p_1 + 134p_2 + 2p_1p_2 - 2440$

Wir bilden die beiden partiellen Ableitungen nach p_1 und p_2 und setzten diese Null:

(13) $\qquad G'(p_1) = -4p_1 + 108 + 2p_2 \overset{!}{\longrightarrow} 0$

(14) $\qquad G'(p_2) = -4p_2 + 134 + 2p_1 \overset{!}{\longrightarrow} 0$

Die Auflösung des Gleichungssystems führt uns zur pareto-optimalen Lösung:

$p_1 = 58{,}33$ und $G_1 = 2223{,}66$ sowie
$p_2 = 62{,}67$ und $G_2 = 2685{,}00$.

Das NG war also nicht pareto-optimal. Der maximale Gesamtgewinn beträgt 4908,66. Im NG wurde in der Summe ein Gewinn von nur 4357,84 erzielt. Beide Anbieter könnten höhere Preise verlangen und mehr Gewinn erzielen.

Zeichnen wir den pareto-optimalen Punkt in unser Diagramm mit ein, so sehen wir, dass er auf keiner der Besten-Antwort-Funktionen liegt. Deshalb kommt er ohne verbindliche Absprache auch nicht zustande. In einer Wettbewerbssituation ist eben die beste Antwort des Anbieters 1 auf einen Preis in Höhe von $p_2 = 62{,}67$ eben nicht 58,33, sondern gemäß seiner BAF_1 ist die beste Antwort darauf nur 45,67. Auf einen Preis in Höhe von $p_1 = 45{,}67$ wird jedoch Anbieter 2 mit seiner BAF_2 reagieren. Dieser Anpassungsmechanismus setzt sich solange fort bis man sich im NG trifft. Hier hat dann keiner mehr einen Grund seinen Preis zu ändern, wenn es der Andere auch nicht tut. Im Grunde genommen handelt es sich hier um nichts Anderes als eine stetige Variante des Gefangenendilemmas.

Wir können dieses Spiel auch als sequentielles Spiel modellieren. Nehmen wir an, Anbieter 1 sei Marktführer und entscheidet zuerst über seinen Preis, dann kommt Anbieter 2 als Marktfolger. Wieder müssen wir von hinten nach vorne denken, also „backward induction" betreiben. Nachdem Anbieter 2 den Preis des Marktführers 1 kennt, wird er mit seiner BAF_2 (10) darauf reagieren, denn auf dieser Funktion liegen seine gewinnmaximalen Preise bei gegebenen Preisen des Anbieters 1. Der Marktführer weiß, dass Marktfolger 2 gemäß der BAF_2 reagieren wird und kann dieses in seiner Gewinnfunktion (3) direkt berücksichtigen. Wir setzen in die Gewinnfunktion G_1 (3) also für p_2 gleich die BAF_2 (10) ein und erhalten dann:

(15) $\quad G_1 = -2p_1^2 + 120p_1 + 0{,}25p_1^2 + 36p_1 - 2{,}5p_1 - 1360$

Die Suche nach dem Gewinnmaximum ergibt:

(16) $\quad\quad\quad G'_1 = -3{,}5p_1 + 153{,}5 \overset{!}{\longrightarrow} 0$

Die Ergebnisse sind dann ein Preis von $p_1 = 43{,}86$ und für $p_2 = 46{,}96$. Beide Anbieter werden in der sequentiellen Variante einen höheren Preis verlangen und auch mehr Gewinn erzielen, nämlich $G_1 = 2005{,}87$ und $G_2 = 2445{,}10$. Die sequentielle Lösung liegt also zwischen dem simultanen NG und dem Pareto-Optimum. Man kann das so interpretieren, dass hierbei die Wettbewerbssituation etwas entschärft ist, wenn sie nicht völlig unabhängig voneinander entscheiden, sondern einer auf die Entscheidung des Anderen reagieren kann. Der „Haken" an der Sache könnte sein, dass hier der Marktfolger einen deutlich höheren Gewinnsprung macht als der Marktführer. Vermutlich würden also beide gerne erst die Entscheidung des Anderen abwarten.

2.4 Rationalität des Irrationalen – warum wir manchmal nicht rational sein sollten

Zwar gibt es in allen Normalformspielen immer mindestens ein Gleichgewicht, das heißt aber leider noch nicht, dass es auch immer eine plausible Lösung ist, die sich in einer praktischen Anwendung zwingend einstellt. Das NG ist sehr oft eine gute Lösung, aber kein Naturgesetz. Manchmal kann auch im Irrationalen eine gewisse Rationalität liegen. Betrachten wir dazu Tabelle 22. Es stellt ein bekanntes Experiment aus der Literatur dar.[34]

Tabelle 22
Spielmatrix für ein unplausibles NG

Spieler 1 \ Spieler 2	L	R
U	8/10	– 100/9
D	7/6	6/5

Wie sie nun selber leicht ermitteln können, hat das Spiel in U/L 8/10 ein NG, das zudem pareto-optimal ist. Für Spieler 2 ist L eine strikt dominante Strategie. Im Experiment zeigte sich aber, dass dieses NG trotzdem häufig nicht zustande kam, und wir würden auch nicht unbedingt dem Spieler 1 die Wahl der „eigentlich" richtigen Strategie U empfehlen wollen. Schließlich gibt es ein Restrisiko, dass sich Spieler 2 vielleicht doch nicht so rational verhält wie man es erwarten müsste. Vielleicht passt er nicht auf, macht einen Fehler oder ist sonst irgendwie abgelenkt und schon muss Spieler 1 100 Euro zahlen. Wenn alles so läuft wie es laufen sollte, gewinnt er gerade mal 8 Euro, aber wenn Spieler 1 die „falsche" Strategie D wählt, bekommt er auf jeden Fall 6 oder 7 Euro. Würden Sie sich trotzdem immer noch für die Nash-Strategie U entscheiden? Vermutlich nicht, U/L ist zwar ein NG, aber es ist nicht „*trempling-hand-perfect*".[35] Selbst wenn Sie die Wahrscheinlichkeit, dass Spieler 2 mit „zittriger Hand" aus Versehen die Strategie R wählt, nur mit 1 % ansetzen, hat für Spieler 1 die Strategie D immer noch einen höheren Erwartungswert.

Abweichungen vom NG findet man in dem sehr interessanten Experiment zum *Ultimatum-Spiel*.[36] Dies ist ein sequentielles Spiel, bei dem Spieler 1 (Proposer)

---

[34] Fuldenberg/Tirole: Game Theory, MIT Press, Cambridge, 1991, zitiert nach Riechmann: Spieltheorie, 2002, S. 23.
[35] Riechmann: Spieltheorie, 2002, S. 32.
[36] Güth/Schmittberger/Schwarze: An Experimental Analysis of Ultimatum Bargaining, in: Journal of Economic Behavior and Organization 3, 1982, S. 367–388 und Fehr/Schmidt: A Theory of Fairness, Competition and Cooperation, in: Quarterly Journal of Economics, 1999, S. 817–868.

einen Geldbetrag, sagen wir 100 Euro, erhält. Er muss dann dem zweiten Spieler (Responder) einen Vorschlag zur Aufteilung der 100 Euro unterbreiten. Der Responder kann dem Aufteilungsvorschlag zustimmen oder ablehnen. Lehnt er ab, muss der Proposer die 100 Euro an den Spielleiter wieder zurückgeben. Man kann sich das Spiel in einen Entscheidungsbaum für verschiedene Angebote aufzeichnen, aber es wird wohl auch so schnell klar, dass es für den Responder strikt dominant ist, jeden Vorschlag anzunehmen. Ablehnen bedeutet immer, dass er Nichts bekommt. Das NG ist: Der Proposer macht den kleinsten erlaubten Vorschlag, z. B. einen Cent, und der Responder nimmt an. Theoretisch!

Im Experiment boten die Proposer jedoch durchschnittlich 37 % des Betrages an und beinahe nie wurden weniger als 20 % angeboten. Und das war klug, denn die Wahrscheinlichkeit, dass der Responder ein Angebot ablehnt ist umso höher, je niedriger das Gebot ist. Auch wenn es eigentlich irrational ist, ein Angebot abzuschlagen, kam es doch vor. Offenbar sind wir willens, ein als unfair empfundenes Angebot abzulehnen, selbst wenn wir uns dabei selber schaden. Was aber ist die Motivation des Proposers, hohe Angebote jenseits der Nash-Lösung zu machen? Eine innere Einstellung, sich fair zu verhalten oder nur die berechtigte Sorge, für ein unfaires Angebot bestraft zu werden?

In der Variante des *Diktatorspiels*[37] wird Spieler 1 zum Diktator, der die Aufteilung der Summe bestimmt, der Spieler 2 ist nur noch Rezipient, ohne Möglichkeit zur Ablehnung. Obwohl man nun nicht mehr damit rechnen muss, für ein unfaires Angebot abgestraft zu werden, gaben immerhin 21 % der Diktatoren die Hälfte des Betrages ab und dass ein Diktator den Betrag ganz für sich behielt kam kaum vor. Siegt hier der Anstand vor der Rationalität der Nash-Lösung? Das scheint so, doch man kann das Diktatorspiel auch als *blindes Diktatorspiel*[38] spielen. In diesen Experimenten wurde sichergestellt, dass die Diktatoren anonym entscheiden konnten. Weder der Spielleiter noch der Rezipient wussten, wer welche Aufteilung wählte. Hierbei behielten dann aber schon ⅔ der Diktatoren das Geld alleine für sich.

So ist wohl weniger Fairness, sondern eher der Wunsch für fair gehalten zu werden, die Motivation der Entscheidung. Die Psychologie erklärt das mit dem Bedürfnis nach Anerkennung (Reputation) und der Vorstellung, wenn wir Andere fair behandeln, werden wir auch fair behandelt (reziproker Altruismus). Das bedeutet aber: Wenn ohnehin keiner mitkriegt, dass wir ein anständiger Mensch sind, dann können wir auch hemmungslos egoistisch sein!

---

[37] Forsythe et al.: Replicability, Fairness and Pay in Experiments with Simple Bargaining Games. Games and Economic Behavior 6, 1988, S. 347–369.
[38] Hoffmann et al.: Preferences, Property Rights and Anonymity in Bargaining Games. Games and Economic Behavior 7, S. 346–380.

Nicht vorenthalten wollen wir Ihnen auch das *Gemeinwohlspiel* des Schweizer Forschers Ernst Fehr.[39] Stellen Sie sich 4 Spieler vor, die je 40 Euro[40] erhalten, die sie ganz oder teilweise in eine Gemeinwohlkasse einzahlen können. Der Betrag der Gemeinwohlkasse wird vom Spielleiter verdoppelt und zu jeweils ¼ an alle Spieler ausgezahlt. Pareto-Optimal wäre es nun, wenn alle alles einzahlen. Dann werden aus den eingezahlten 160 Euro 320 Euro und jeder geht mit 80 Euro nach Hause. Das ist allerdings kein NG, denn wer nichts einzahlt hat noch mehr. Behält einer seine 40 Euro so liegen 120 Euro in der Kasse und die werden zu 240 Euro und jeder erhält 60 Euro zurück. Derjenige, der sich nicht beteiligt hat, hat noch seine 40 Euro und damit nun 100 Euro. Das NG lässt sich leicht herleiten: Bezeichnen wir die Einzahlung eines betrachteten Spielers mit A, die der anderen Spieler mit B, C und D, so gilt für den Gewinn (G) des Spielers:

$$G = 40 - A + \frac{2 \cdot (A + B + C + D)}{4}$$

Und für das Gewinnmaximum:

$$G'(A) = -1 + 0{,}5[<0]$$

Die Gewinnfunktion ist also monoton fallend für steigende Einzahlungen und damit gibt es ein Randextrema bei A = 0. Im NG zahlt also keiner etwas ein.

Das Spiel wurde als wiederholtes Spiel gespielt und nun zeigte sich, dass die Spieler von der Nash- Lösung insofern abwichen, dass Sie zunächst etwa 50 % des Betrages einzahlten, aber dies wurde von Periode zu Periode weniger. Es nährte sich langsam der Nash-Lösung von Null an. Wenn man erstmal realisierte, dass die Spieler mit den kleinsten Einzahlungen den höchsten Gewinn machen, will man auch nicht mehr der Dumme sein. Erst als die Spieler sich bestrafen konnten, stiegen die Einzahlung in die Gemeinwohlkasse in Richtung Pareto-Optimum an! Gemeinwohl lässt sich wohl nur durch Zwang oder Strafen herbeiführen.

3. Spiele ohne Gleichgewicht (in reinen Strategien)

3.1 Der Klassiker: Schnick-Schnack-Schnuck

Die bisher behandelten Spiele waren dadurch gekennzeichnet, dass genau eine Strategie die Nash-Strategie war. Das nennt man ein Gleichgewicht in reinen Strategien. Nur eine Strategie ist die richtige und die anderen werden nicht gespielt. Das ist aber nicht immer so. Das klassische Beispiel für ein Spiel ohne Gleichgewicht in reinen Strategien ist das beliebte „Schnick-Schnack-Schnuck", auch bekannt als Papier-Schere-Stein.

---

[39] Camerer/Fehr: When does Economic Man Dominate Social Behavior, Science 311 (2006), S. 47–52.
[40] Im „Original" waren es 20 CHF.

3. Spiele ohne Gleichgewicht (in reinen Strategien)

Man formt mit der Hand eines der drei Symbole und dabei gilt: Papier schlägt (umwickelt) den Stein. Stein schlägt Schere (Schere zerbricht am Stein) und die Schere schlägt (zerschneidet) das Papier. Wir spielen das Spiel in der Variante, dass ein neutraler Spielleiter an den Gewinner 2 Euro zahlt. Wählen die beiden Spieler das gleiche Symbol, erhält jeder einen Euro. Dann lässt sich dieses wie in Tabelle 23 in der Normalform darstellen:

Tabelle 23
Spielmatrix für Schnick-Schnack-Schnuck

Spieler 2 \ Spieler 1	Papier	Schere	Stein
Papier	1/1	0/2	2/0
Schere	2/0	1/1	0/2
Stein	0/2	2/0	1/1

Dabei handelt es sich übrigens um ein so genanntes *Konstantsummenspiel*, da in der Summe immer der gleiche Betrag von hier 2 Euro an die Spieler fließt; die Nullsummenspiele sind ein Spezialfall dieses Spieltyps.

Wenn wir nun unseren bewährten Lösungsalgorithmus „Beste Antworten" anwenden, sehen wir, dass es kein Feld gibt, indem wechselseitig beste Antworten gegeben werden. Es gibt kein NG in reinen Strategien. Die Lösung besteht nun darin, dass man die Strategien mischen muss. Das kann man sich anschaulich am Besten für ein wiederholtes Spiel vorstellen, obwohl die hier präsentierte Lösung auch im einmaligen Fall gilt. Wenn wir annehmen, wir müssten 100mal „Schnick-Schnack-Schnuck" spielen, so ist es intuitiv verständlich, dass die Lösung nicht darin bestehen kann, immer ein und dieselbe Strategie zu spielen. Das würde der Gegenspieler irgendwann erkennen und darauf so reagieren, dass wir immer verlieren. Stattdessen müssen wir für den Gegner unberechenbar sein. Das können wir nur, wenn wir zwischen den drei Strategien munter hin und her wechseln. Da diese gleichwertig sind, man also mit jeder Strategie verlieren oder gewinnen kann, sollten wir sie mit gleicher Wahrscheinlichkeit einsetzen. Wir dürfen keine Bevorzugung einer der drei Strategien erkennen lassen, denn diese würde unsere Gewinnchance schmälern. Das ist eine notwendige, aber noch nicht hinreichende Bedingung für eine rationale Entscheidung, denn wir dürfen auch keine Muster erkennen lassen. Wer immer Papier, Schere, Stein und dann wieder Papier, Schere, Stein usw. wählt, hat zwar jede Einzelstrategie mit gleicher Wahrscheinlichkeit gewählt, doch wird das Muster erkannt, wird er nur noch verlieren. Die Lösung ist also, wie ein Zufallsgenerator mit gleicher Wahrscheinlichkeit zwischen den Strategien zu randomisieren, so der Fachbegriff für eine Zufallswahl.

Dies nennt man ein Gleichgewicht in gemischten Strategien. Wird es von beiden Spielern eingesetzt, kommt jedes Feld mit der Wahrscheinlichkeit von $1/9$ vor und das Ergebnis ist 1/1. Mehr ist nicht drin, wenn sich beide an diese Lösung halten. Man kann aber auch nicht vom Gegner unter diesen Erwartungswert gedrückt werden. Nur wenn einer eine andere Strategie als die hier vorgeschlagene wählen sollte, hat sein Gegner die Möglichkeit, den Erwartungswert zu erhöhen. Das ginge aber zu Lasten des Abweichlers, da es ein Konstantsummenspiel ist. Es gibt also keinen Grund von diesem gemischten Gleichgewicht abzuweichen, solange es der Andere nicht tut. Und der wird sich hüten. Das gemischte Gleichgewicht ist also auch ein stabiles NG. Es bleibt also dabei: Jedes Normalformspiel hat (mindestens) ein NG, wenn nicht in reinen Strategien dann eben in gemischten Strategien. Es muss aber nicht immer so sein, dass alle Strategien eingesetzt werden. Eine dominierte Strategie und Strategien, die nie beste Antworten liefern, kommen nicht zum Einsatz. Und auch die Annahme, dass man die Strategien mit gleicher Wahrscheinlichkeit wählen sollte ist nur eine Ausnahme, die sich aus der einfachen Struktur von „Schnick-Schnack-Schnuck" ergibt.

Betrachten wir nun „Schnick-Schnack-Schnuck" noch einmal in der Variante, bei der zusätzlich das Symbol „Brunnen" eingesetzt werden darf. Dabei gilt: Die Schere und der Stein verlieren gegen den Brunnen (sie fallen hinein), das Papier schlägt den Brunnen (deckt ihn ab).

Nun sieht unsere Spielmatrix (Tabelle 24) wie folgt aus:

Tabelle 24
Spielmatrix für Schnick-Schnack-Schnuck mit Brunnen

Spieler 2 \ Spieler 1	Papier	Schere	Stein	Brunnen
Papier	1/1	0/2	2/0	2/0
Schere	2/0	1/1	0/2	0/2
Stein	0/2	2/0	1/1	0/2
Brunnen	0/2	2/0	2/0	1/1

Wir sehen, dass die Strategie „Brunnen" die Strategie „Stein" schwach dominiert. Mithin wird „Stein" nun nicht mehr benötigt. Eliminieren wir aber „Stein" aus der Matrix, hat das Spiel wieder dieselbe Struktur wie das ursprüngliche Schnick-Schnack-Schnuck". „Brunnen" ist an die Stelle von „Stein" getreten, ohne dass damit wirklich eine neue Spielvariante gewonnen wurde. Spieltheoretisch ist also die Variante mit „Brunnen" Unsinn! Wenn Ihnen dieses Spiel angeboten wird, sollten Sie auf „Stein" verzichten. Wenn Sie Grund zu der Annahme haben, ihr Gegenspieler werde indes zwischen allen 4 Symbolen mit gleicher Wahrscheinlichkeit spielen, können Sie Ihre Gewinnchance leicht erhöhen, wenn Sie nur auf Papier und Brunnen setzen. Diese liefern dann einen höheren Erwartungswert als Schere. Aber Vorsicht! Das gilt nur für den Fall, dass Ihr Gegner die Situation nicht durchschaut hat! Vielleicht denkt er dasselbe von Ihnen. Fairerweise sollte man den „Brunnen" einfach weglassen.

Spiele ohne Gleichgewicht in reinen Strategien sind typische Beispiele für einen *„second-mover-advantage"*. Wenn man auf die – allerdings absurde – Idee käme, Schnick-Schnack-Schnucksequentiell zu spielen, würde man erleben, dass immer der Zweite gewinnt.

3.2 Wie man die richtige Mischung findet

In der folgenden Matrix sehen wir die möglichen Gewinne der Autohersteller Alpha und Beta, die simultan darüber entscheiden müssen, ob sie ihr neues Mittelklassemodell über eine Preis- oder Qualitätsstrategie vermarkten sollen (Tabelle 25).

Tabelle 25
Spielmatrix der Autohersteller

Alpha \ Beta	Preis	Qualität
Preis	5/1	3/7
Qualität	1/6	4/2

Es gibt kein Gleichgewicht in reinen Strategien. Alpha profitiert am meisten, wenn Beta mit derselben Strategie auftritt, Beta hätte höhere Gewinne mit einem einzigartigen Verkaufsargument. Beide würden wohl am liebsten als Zweiter entscheiden, aber sie können nur gleichzeitig auf der Automesse auftreten. Also muss man für den Konkurrenten, wie schon bei „Schnick-Schnack-Schnuck", unberechenbar sein und zwischen den Strategien randomisieren. Diesmal kann man aber nicht einfach jede Strategie mit gleicher Wahrscheinlichkeit wählen. Würde z. B. Beta „Preis" und „Qualität" zu je 50% Wahrscheinlichkeit einsetzen, so wäre für Alpha darauf die „beste Antwort" die reine Strategie „Preis", da diese dann einen höheren Erwartungswert für Alpha hat als Qualität. Wenn aber A „Preis" als beste Antwort spielt, ist es für Beta sinnvoller, nur mit „Qualität" zu antworten, worauf dann Alpha ... usw. Wir sehen, dies ist keine stabile Lösung, weil es immer wieder für einen der Spieler einen Grund gibt, seine Strategie noch mal zu ändern.

Ein stabiles Gleichgewicht setzt voraus, dass Beta für Preis und Qualität eine Wahrscheinlichkeitsverteilung wählt, bei der Alpha nicht mehr mit einer reinen Strategie antworten kann, sondern indifferent wird zwischen „Preis" und „Qualität". Man spricht dabei von den *Indifferenzwahrscheinlichkeiten*. Die Idee ist: Alpha muss seinen beiden Strategien den gleichen Erwartungswert zuordnen. Bezeichnen wir die Wahrscheinlichkeit, dass Beta „Preis" spielt mit a und

für „Qualität" mit 1 − a, dann sind die Erwartungswerte des Alpha für „Preis":
5a + 3(1 − a) und für „Qualität": 1a + 4(1 − a).

Indifferent wird Alpha nur, wenn die Erwartungswerte gleich sind, es muss also gelten:

$$5 \times a + 3 \times (1 - a) = 1 \times a + 4 \times (1 - a)$$
$$5a + 3 - 3a = a + 4 - 4a$$
$$a = 0{,}2$$
$$1 - a = 0{,}8$$

Beta sollte also die Strategie „Preis" mit 20 % Wahrscheinlichkeit und die Strategie „Qualität" mit 80 % Wahrscheinlichkeit einsetzen.

Umgekehrt sollte nun auch Alpha Indifferenzwahrscheinlichkeiten für seine Strategien wählen, damit auch Beta nicht in einer reinen Strategie eine eindeutig beste Antwort hat. Bezeichnen wir Alphas Wahrscheinlichkeit für Preis mit b und für Qualität mit 1 − b, dann hat Beta gleiche Erwartungswerte bei seinen Strategien wenn gilt:

$$1 \times b + 6 \times (1 - b) = 7 \times b + 2 \times (1 - b)$$
$$b + 6 - 6b = 7b + 2 - 2b$$
$$b = 0{,}4$$
$$1 - b = 0{,}6$$

Alpha spielt also im gemischten Gleichgewicht „Preis" mit 40 % Wahrscheinlichkeit und „Qualität" mit 60 % Wahrscheinlichkeit. Wenn sich beide an diese Wahrscheinlichkeiten halten, hat keiner einen Grund davon abzuweichen, solange es der Andere nicht tut. Wir können nun die Indifferenzwahrscheinlichkeiten in die Matrix einfügen (Tabelle 26) und nach dem Multiplikationssatz die Eintrittswahrscheinlichkeiten der 4 Felder der Spielmatrix bestimmen.

Tabelle 26
Indifferenzwahrscheinlichkeiten der Autohersteller

Alpha \ Beta	Preis a = 0,2	Qualität 1 − a = 0,8
Preis b = 0,4	5/1	3/7
Qualität 1 − b = 0,6	1/6	4/2

3. Spiele ohne Gleichgewicht (in reinen Strategien)

Das Ergebnis der Spieler ist dann der Erwartungswert der einzelnen Pay-offs.

Für Alpha: $5 \times 0{,}08 + 3 \times 0{,}32 + 1 \times 0{,}12 + 4 \times 0{,}48 = 3{,}4$

Für Beta: $1 \times 0{,}08 + 7 \times 0{,}32 + 6 \times 0{,}12 + 2 \times 0{,}48 = 4$

Das gemischte NG ist also 3,4/4.

Gegen das gemischte Gleichgewicht wird bislang eine gewisse Realitätsferne eingewandt und tatsächlich ist es mindestens diskussionswürdig.[41] Wer stellt schon solche Rechnungen im richtigen Leben an? Doch sollte man bedenken, dass dadurch die Lösung nicht grundsätzlich falsch wird. Beide Seiten haben guten Grund, sich daran zu halten, denn das Ergebnis ist der Erwartungswert, unter den man nicht gedrückt werden kann. Ein besseres Ergebnis ist nur möglich, wenn der Gegner davon abweicht, aber das beinhaltet die Gefahr, weniger als im gemischten NG zu bekommen. Jede Abweichung führt zu einem instabilen Ungleichgewicht. Dass man im „richtigen Leben" häufig nicht so rechnen kann, hängt mit fehlenden Informationen über die Auszahlungen des Anderen zusammen. Hier unterstellen wir vollständige Information und unter dieser Prämisse hat das Konzept des gemischten Gleichgewichtes seine innere Logik.

Gemischte Gleichgewichte kommen häufig in „Kontrollspielen" vor. Betrachten wir den Busnutzer Peter, der ein Ticket für 2 Euro kaufen kann oder aber er fährt „schwarz", zahlt also nicht. Die Verkehrsbetriebe können kontrollieren, was 4 Euro Kosten verursacht, oder nicht. Wird Peter beim Schwarzfahren erwischt zahlt er 40 Euro Strafe an die Verkehrsbetriebe.

Dies lässt sich wie folgt als Normalformspiel darstellen (Tabelle 27):

Tabelle 27
Das Schwarzfahrerbeispiel

Peter \ Verkehrsbetriebe	Kontrolle	Keine Kontrolle
Ticket	–2/–2	–2/2
Kein Ticket	–40/36	0/0

Schnell sehen wir, dass kein NG in reinen Strategien existiert. Das gemischte Gleichgewicht errechnen wir wieder über die Indifferenzwahrscheinlichkeiten. Benennen wir die Wahrscheinlichkeit für eine Kontrolle mit a muss gelten:

$$-2 \times a - 2 \times (1-a) = -40 \times a + 0 \times (1-a)$$

$$a = 0{,}05$$

Die Verkehrsbetriebe werden mit 5 % Wahrscheinlichkeit kontrollieren.

---

[41] Zur Diskussion zum gemischten Gleichgewicht siehe z. B. Holler/Illing: Einführung in die Spieltheorie, 2003, S. 70 ff.

Die Wahrscheinlichkeit für „zahlen" bezeichnen wir mit b und dann muss gelten:

$$-2 \times b + 36 \times (1 - b) = 2 \times b + 0 \times (1 - b)$$
$$b = 0{,}9$$

Peter wird mit 90 % Wahrscheinlichkeit zahlen.

Es ergibt sich ein gemischtes NG mit den Auszahlungen – 2/1,8.

Die Lösung ist zwar nicht pareto-optimal, aber eben ein Gleichgewicht. Die Verkehrsbetriebe können ihr Ergebnis nicht verbessern, wenn sie davon abweichen. Wenn sie statt mit 5 % nur mit 4 % Wahrscheinlichkeit kontrollieren, wäre Peters beste Antwort immer „schwarzfahren". Das Ergebnis der Verkehrsbetriebe sinkt auf 1,44. Nur Peter könnte sich dabei auf –1,6 verbessern. Kontrollieren Sie mit höherer Wahrscheinlichkeit, z. B. 7 %, würde Peter immer „zahlen" wählen und die Verkehrsbetriebe erzielen mit 1,72 auch wieder weniger als im gemischten Gleichgewicht. Auch Peter kann sich nicht durch abweichendes Verhalten verbessern. Fährt er z. B. mit 11 % Wahrscheinlichkeit schwarz, würden die Verkehrsbetriebe immer „kontrollieren" wählen und sein Erwartungswert sinkt auf –4,4, die Verkehrsbetriebe verbessern sich jetzt auf 2,18. Dies macht deutlich, dass es sich bei einem gemischten NG um eine rationale Lösung handelt, wenngleich sie sicher eine höhere Plausibilität für wiederholte Spiele hat.

Kommen wir zum Schluss dieses Kapitels noch einmal auf „Schnick-Schnack-Schnuck" zurück. Da wir jetzt wissen, wie man Indifferenzwahrscheinlichkeiten korrekt bestimmt, können wir unsere eher intuitive Lösung aus dem vorigen Abschnitt überprüfen. Da die Spieler hierbei jeweils drei Strategien zur Verfügung haben, müssen pro Spieler nun schon drei Indifferenzgleichungen erfüllt sein. Es muss gelten:

(1)   Erwartungswert Papier = Erwartungswert Schere

(2)   Erwartungswert Papier = Erwartungswert Stein

(3)   Erwartungswert Schere = Erwartungswert Stein

Bezeichnen wir die Wahrscheinlichkeit für Papier mit a, für Schere mit b und für Stein mit 1 – a – b, so lauten die Gleichungen auf der Grundlage der Tabelle 24:

(1) $a + 2 - 2a - 2b = 2a + b$

(2) $a + 2 - 2a - 2b = 2b + 1 - a - b$

(3) $2a + b = 2b + 1 - a - b$

Zusammengefasst ergeben sich einfachere Ausdrücke:

(1) $-3a - 3b + 2 = 0$

(2) $-3b + 1 = 0$

(3) $3a - 1 = 0$

Aus den Gleichungen (2) und (3) folgt unmittelbar:
$$b = \frac{1}{3}, a = \frac{1}{3} \text{ und damit } 1 - a - b = \frac{1}{3}.$$

Da das Spiel für die Spieler völlig symmetrisch ist, sind die Wahrscheinlichkeiten für die Strategiewahl für beide Spieler gleich, sodass wir diese Rechnung hier nur einmal aufstellen müssen.

Unsere intuitive Lösung, alle Strategien mit gleicher Wahrscheinlichkeit zu spielen, war also nachweislich richtig! Wir sehen hier aber auch, dass sich der Rechenaufwand erheblich erhöht, wenn die Anzahl der Strategien steigt. Bei n-Strategien sind (n/2) × (n − 1) Gleichungen aufzustellen. Bei 5 Strategien müsste man bereits ein Gleichungssystem aus 10 Gleichungen pro Spieler aufstellen. Noch diffiziler wird es, wenn die Anzahl der Strategien der Spieler unterschiedlich ist. Dann kann es im Gleichungssystem auch mehr als eine Lösung geben.[42] Das ist eigentlich auch das Hauptproblem der Spieltheorie, nicht dass es keine Lösung gibt, sondern, dass gleich mehrere Lösungen tatsächlich oder scheinbar in Frage kommen. Im nächsten Kapitel werden wir uns mit diesem Problem beschäftigen.

4. Spiele mit mehreren Gleichgewichten

4.1 Der Klassiker: Kampf der Geschlechter[43]

In den bisher betrachteten Spielen gab es immer genau eine Lösung, manchmal mit etwas knffligem mathematischem Aufwand wie bei den gemischten Strategien, und auch nicht immer ganz plausibel, wie wir gesehen haben, aber immerhin: Das Konzept des Nash-Gleichgewichtes führt praktischerweise immer zu mindestens einem Ergebnis! Es kann nämlich auch gleich mehrere Lösungen geben. Das Spiel „Kampf der Geschlechter"[44] ist dazu das klassische Beispiel.

Die Spieler sind hier „Mann" und „Frau", ein Liebespärchen, das den Freitagabend zusammen verbringen will. Wir bedienen jetzt mal lustvoll alle Klischees und sagen, der Mann will am liebsten zum Fußball, die Frau lieber in die Oper. Sie ordnen den beiden Freizeitalternativen jeweils einen anderen individuellen Nutzen zu. Gar keinen Nutzen hat es aber, den Abend ohne den geliebten Partner zu verbringen, da macht dann auch die Lieblingsbeschäftigung keine Laune. Die Spielmatrix (Tabelle 28) zeigt uns den Nutzen, den die beiden mit den Situationen verbinden.

---

[42] Feess: Mikroökonomie, 1997, S. 58.
[43] Luce/Raiffa: Games and Decisions: Introduction and Critical Survey, 1957.
[44] Zahlenbeispiel aus Feess: Mikroökonomie, 1997, S. 49.

Tabelle 28
Spielmatrix zum Kampf der Geschlechter

Frau \ Mann	Fußball	Oper
Fußball	1/3	0/0
Oper	0/0	5/2

Setzen wir jetzt unseren Algorithmus „beste Antworten" an, haben wir gleich in zwei Feldern wechselseitig beste Antworten in reinen Strategien. Sowohl beide gehen zum Fußball als auch beide gehen in die Oper sind NG in reinen Strategien[45]. Was nun?

Um es gleich zu sagen: Manchmal gibt es trotzdem eine eindeutig bessere Lösung und manchmal eben nicht. Solche Spiele kommen sehr oft vor, wir spielen es beinahe täglich. Stellen wir uns zwei Personen vor, A und B, die gleichzeitig vor einen Aufzug eintreffen. Sie können „vorgehen" oder „vorbeilassen". Bezeichnen wir den Nutzen für den, der als erster in den Aufzug geht mit 2 und für den zweiten mit 1, lässt sich dieses Spiel in Normalform darstellen (Tabelle 29).

Tabelle 29
Spielmatrix für die Fahrgäste des Aufzugs

B \ A	Vorgehen	Vorbeilassen
Vorgehen	0/0	②/①
Vorbeilassen	①/②	0/0

Die beiden NG sind: Entweder geht A vor B oder B vor A. Wollen beide vorgehen, blockieren sie sich an der Aufzugstür und wenn sie sich in Höflichkeitsfloskeln ergeben, „bitte nach Ihnen, nein bitte Sie zuerst..." fährt der Aufzug auch ohne sie ab! Die Spieltheorie kann hier aber keine Reihenfolge in die beiden Lösungen bringen. Im „richtigen Leben" gibt es dafür soziale Normen, hier Anstandsregeln. Danach lassen Männer Frauen den Vortritt (ladies first) und Jüngere den Älteren (Alter vor Schönheit).

Ähnlich ist es, wenn bei einem Telefongespräch zwischen A und B die Leitung zusammenbricht. Wer ruft nun wieder an, wer wartet auf den Anruf? Ein Spiel mit zwei Gleichgewichten! Hier hilft die ungeschriebene Regel: Wer zuerst angerufen hat, ruft auch beim Zusammenbruch der Leitung wieder an.

---

[45] Es gäbe sogar noch ein drittes NG in gemischten Strategien, auf das wir aber nicht weiter eingehen. Die Anzahl aller NG eines Spiels ist übrigens fast immer ungerade.

Auch der Straßenverkehr ist ein solcher Spieltyp. Auf welcher Seite sollte man fahren: Rechts oder links? Es gibt zwei absolut gleichwertige Lösungen, wichtig ist nur, dass alle dieselbe Lösung nehmen. Und da man sich hierbei nicht auf soziale Konventionen verlassen kann, erlässt der Gesetzgeber eine strafbewehrte Straßenverkehrsordnung, die das für alle Verkehrsteilnehmer verbindlich regelt. Da beide Lösungen aber grundsätzlich in Frage kommen, fahren wir in Kontinentaleuropa rechts aber in Großbritannien links, ohne dass eine Lösung nun grundsätzlich besser wäre.

Das heißt aber nicht, dass immer alle Gleichgewichte auch gleichwertig sind. Im folgenden Abschnitt werden wir sehen, das manchmal eben doch eine Lösung, mehr oder weniger eindeutig, die plausiblere ist.

4.2 Einige Überlegungen zur Gleichgewichtsselektion

Vom deutschen Nobelpreisträger Selten stammt das Spiel „Handelskettenparadoxon"[46], das wir hier vereinfacht wiedergeben. Eine Handelskette agiert bislang in einer Stadt als Monopolist mit einem Gewinn von 4. Ein Konkurrent überlegt, ob er in den Markt eintritt oder nicht. Tritt er in den Markt ein und der Monopolist verhält sich friedlich, erzielen beide einen Gewinn von 2. Kommt es zu einem Preiskampf, verlieren beide (– 1). In der Spielmatrix stellen sich die Ergebnisse wie folgt dar: (Tabelle 30).

Tabelle 30
Spielmatrix der Anbieter

Monopolist \ Konkurrent	Markteintritt	Kein Markteintritt
Friedlich	②/②	④/0
Preiskampf	– 1/– 1	④/0

Die Lösungen Friedlich/Markteintritt 2/2 und Preiskampf/Kein Markeintritt 4/0 sind beides pareto-optimale Nash-Gleichgewichte. Dennoch ist hier eine Lösung eindeutig plausibler. Die Lösung Preiskampf/Kein Markeintritt käme nämlich nur zu Stande, wenn man annimmt, dass der Monopolist die schwach dominierte Strategie Preiskampf wählt. Dies ist aber, wie wir schon aus der Entscheidungstheorie wissen, mit rationalem Verhalten nicht vereinbar. Da demnach für den Monopolisten nur die schwach dominante Strategie friedlich in Frage kommt, ist auch nur friedlich/Markteintritt ein plausibles Gleichgewicht.

---

[46] Selten, Reinhard: The Chain Store Paradox, Theory and Decision, 9, 1978, S. 127–159.

Die Gleichgewichtsauswahl durch *Eliminierung dominierter Strategien* ist das stärkste Selektionskriterium, das wir in der Spieltheorie haben. Hier bedeutet es, dass die Strategie Preiskampf nur eine leere Drohung oder leeres Gerede (cheap talk) ist. In einer sequentiellen Betrachtung, in der zuerst der Konkurrent über den Markteintritt entscheiden muss, zeigt sich, dass die Lösung friedlich/Markteintritt das einzige teilspielperfekte Gleichgewicht des Spieles ist. Als Möglichkeit für den Monopolist, den Markteintritt dennoch zu verhindern, wird in der Spieltheorie die Selbstbindung[47] empfohlen. Der Monopolist sollte glaubwürdig machen, dass er z. B. durch öffentliche Ankündigung geradezu dazu verpflichtet ist, den Preiskampf zu beginnen.

Etwas komplexer ist folgendes Spiel: In einem homogenen Dyopol können Anbieter A und B ein Produkt zu 1, 2, 3 oder 4 Euro verkaufen. Die Gesamtnachfrage sei völlig preisunelastisch und betrage 2 Stück. Gekauft wird beim Anbieter mit dem niedrigsten Preis, bei Preisgleichheit verkauft jeder 1 Stück. Die Spielmatrix (Tabelle 31) stellt die Erlöse der Anbieter dar:

Tabelle 31
Spielmatrix des Dyopols

Anbieter B \ Anbieter A	1 €	2 €	3 €	4 €
1 €	①/①	2/0	0/2	2/0
2 €	0/2	②/②	4/0	4/0
3 €	0/2	0/4	3/3	6/0
4 €	0/2	0/4	0/6	4/4

Welches der beiden NG 1/1 oder 2/2 ist plausibler? Wir eliminieren zunächst die dominierten Strategien Anbieter A 4 € und Anbieter B 4 €. Im 2. Schritt schauen wir uns die reduzierte Matrix nochmals an und stellen nun fest, dass jetzt Anbieter A 3 € und Anbieter B 3 € dominiert sind. Beide Strategien werden wiederum gleichzeitig aus der Matrix eliminiert. Übrig bleibt ein einfaches Bi-Matrix Spiel, in dem jetzt Anbieter A 2 € und Anbieter B 2 € dominiert sind. So ist das einzige plausible NG, dass beide lediglich 1 Euro verlangen werden. Die Eliminierung der schwach dominierten Strategien kann manchmal nur schrittweise erfolgen. In der ursprünglichen Matrix kann man nicht auf Anhieb erkennen, dass auch die Strategien 3 € und 2 € für beide dominiert sind. Wichtig ist dabei, dass man bei jedem Schritt alle als dominiert erkannten Strategien zunächst gleichzeitig entfernt, bevor man zum nächsten Schritt übergeht und sich die übrig gebliebene Matrix erneut

---

[47] Siehe z. B. Riechmann: Spieltheorie, 2002, S. 47 f.

anschaut. Andernfalls kommt man zu Widersprüchen, da dann die Reihenfolge der Elimination zu unterschiedlichen Lösungen führen kann.

Aber auch wenn es keine Dominanz gibt, lassen sich bisweilen plausible Vermutungen über die Qualität der Nash Gleichgewichte anstellen. Betrachten wir zwei Firmen, die die Einführung eines neuen DVD Standards planen, zwei Techniken stehen zur Verfügung, nennen wir diese RSD und DDV. Die Spielmatrix zeigt die Gewinne[48]: (Tabelle 32).

Tabelle 32
Spielmatrix der Firmen

Firma 2 \ Firma 1	RSD	DDV
RSD	①/①	−1/−1
DDV	−1/−1	②/②

Die NG sind 1/1 und 2/2. Hier könnte man vermuten, dass die beiden Hersteller wohl eher auf das für beide günstigere System DDV setzen. Nur das Gleichgewicht 2/2 ist pareto-optimal. Man bezeichnet es als das *auszahlungsdominante Gleichgewicht*. Allerdings ist ein auszahlungsdominantes Gleichgewicht nicht immer eine eindeutig plausible Lösung wie hier. Wir verändern jetzt die Auszahlungen und stellen das Spiel nochmals mit anderen pay-offs dar (Tabelle 33).

Tabelle 33
Spielmatrix der Firmen mit neuen Pay-offs

Firma 2 \ Firma 1	RSD	DDV
RSD	⑨/⑨	0/8
DDV	8/0	7/7

Von den beiden Gleichgewichten RSD/RSD mit den Auszahlungen 9/9 und DDV/DDV mit den Auszahlungen 7/7 ist eindeutig 9/9 das auszahlungsdominante Gleichgewicht. Es würde aber von beiden viel Mut, man könnte auch sagen viel Leichtsinn, dazugehören, auf die Strategie RSD zu setzen. Immerhin könnte man dabei auch ganz leer ausgehen, während man bei DDV auf jeden Fall gute Gewinne erzielt. Insofern hat hier auch 7/7 als Gleichgewicht seine Berechtigung, man nennt es das *risikodominante Gleichgewicht*[49]. Es ist also die Frage, ob die Spieler hier

---

[48] Beide Zahlenbeispiele nach Riechmann: Spieltheorie, 2002, S. 29.
[49] Harsanyi/Selten: A General Theory of Equilibrium Selection in Games. MIT Press, Cambridge, 1988.

eher risikoaffin oder risikoavers sind. Aber selbst diese Aussage ist gefährlich, denn in der Spieltheorie kommt es nicht so sehr darauf an wie man selber veranlagt ist, sondern was man von den anderen Spielern realistischerweise annehmen muss. Wenn sich beide Seiten nicht kennen, ist es angemessen, von einer risikoaversen Einstellung des Anderen auszugehen, einfach weil dies, wie wir wissen, häufiger vorkommt. Dann kann es also sein, dass auch bei an sich risikoafinen Spielern, das risikodominante Gleichgewicht zustande kommt, weil man dem jeweils Anderen Risikoaversion unterstellt hat. Ein risikodominantes Gleichgewicht dürfte in den meisten Fällen dem auszahlungsdominanten Gleichgewicht überlegen sein, auch wenn das eine pareto-ineffiziente Lösung bedeutet.

Für unseren „Kampf der Geschlechter" aus dem vorigen Abschnitt hilft uns das alles nicht weiter. Weder gibt es dominierte Strategien zu eliminieren, noch ist eines der Gleichgewichte auszahlungs- oder risikodominant. Wir können hier aber eine Gleichgewichtsselektion durchführen, wenn wir die Spielregeln ändern und daraus ein sequentielles Spiel machen. Nehmen wir an, die Spielerin „Frau" entscheidet zuerst, ob sie zum Fußball oder in die Oper geht, dann informiert sie den „Mann", wo sie gerade ist. „Frau" stellt also „Mann" vor vollendete Tatsachen! Dann wird daraus der folgende Spielbaum (Abbildung 16), den wir durch backward induction lösen.

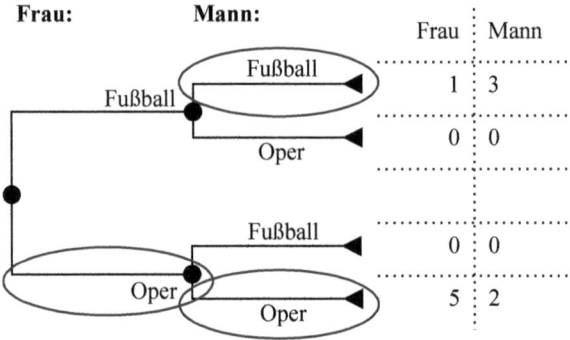

Abbildung 16: Spielbaum zum Kampf der Geschlechter.

Wir sehen, dass „Mann" in beiden Teilspielen dahin geht, wohin zuerst „Frau" gegangen ist, schließlich gibt es nicht nutzloseres für ihn als den Abend alleine zu verbringen. Eine solche Strategie nennt man „follow the leader". Für den Mann ist „follow the leader" eine teilspielperfekte Strategie und damit ist klar, dass „Frau" zur von ihr bevorzugten Oper geht und der „Mann" ihr dahin folgt. Das Spiel hat ein eindeutiges *teilspielperfektes Nash-Gleichgewicht* in der sequentiellen Form. Der „Kampf der Geschlechter" ist ein Beispiel für ein Spiel mit *„first-mover-advantage"*. Wer zuerst entscheidet, kann von den beiden simultanen Gleichgewichten das für ihn bessere realisieren. Hätten wir den „Mann" zuerst entscheiden lassen, hätten sich beide im Fußballstadion getroffen.

Für das „richtige Leben" würden wir Ihnen die, nun ja, etwas uncharmante Strategie der Spielerin „Frau" aber trotzdem nicht ernsthaft empfehlen. Schließlich wollen Liebespaare ja kein einmaliges Spiel, sondern ein wiederholtes Spiel spielen! Dafür wäre die sequentielle Variante aber nicht gerade förderlich. Überhaupt sollten beide lieber miteinander reden (kooperieren), statt ein nicht-kooperatives Spiel zu beginnen. Wie man ein kooperatives Spiel löst, sehen wir im nächsten Abschnitt.

5. Verhandlungsspiele (kooperative Spieltheorie)

5.1 Wie man Verhandlungsergebnisse vorhersehen kann

In allen bisherigen Abschnitten zur Spieltheorie haben wir nicht-kooperative Spiele untersucht. Die Spieler konnten oder durften nicht miteinander reden und Absprachen treffen. Jetzt geht es darum, was als Lösung herauskommt, wenn die Spieler gemeinsam auf ihre Spielmatrix schauen und sie eine Lösung aushandeln. Die Spieltheorie versucht also auch vorauszusehen, was bei einer Verhandlung rationaler Spieler herauskommt, etwa um festzustellen, ob und für wen sich eine Verhandlung lohnt.

Die *Nash-Verhandlungslösung*[50] (NVL) die wir Ihnen hier vorstellen, lässt sich axiomatisch begründen:

Axiom 1: Es kommen nur pareto-optimale Lösungen für eine Verhandlung in Betracht.

Stellen wir uns ein Spiel vor, in dem es nur die Felder 0/0 und 1/1 gibt, so würden sich beide sicherlich auf 1/1 einigen. Eine freiwillige Einigung auf die pareto-ineffiziente Möglichkeit 0/0 kann man bei rationalen Akteuren ausschließen. Das bedeutet, dass es immer sinnvoll ist zu verhandeln, wenn das NG des nicht-kooperativen Spiels pareto-ineffizient ist, wie z. B. in einem Gefangenendilemma.

Axiom 2: Niemand stimmt einer Verhandlungslösung zu, wenn er sich dabei schlechter stellt als bei einem Scheitern der Verhandlung.

Das klingt schlüssig, setzt allerdings voraus, dass wir wissen, was bei einem Scheitern der Verhandlung passiert. Wenn dies nicht explizit vorgegeben ist, müssen wir uns dies so vorstellen: Die Spieler gehen mit Drohstrategien in die Verhandlung, d. h. sie kündigen vorher an, was sie bei einem Abbruch der Verhandlung machen werden. Diese Drohstrategien müssen so gewählt sein, dass man selber noch ein möglichst gutes Ergebnis, der Andere jedoch ein möglichst schlechtes Ergebnis erzielt. Schließlich ist das Ziel dieser Drohstrategien nicht, sie wirklich

---

[50] Nash: The Bargaining Problem, Econometrica 18, 1950, S. 155–162 und Nash: Two-Person Cooperative Games, Econometrica 21, 1953, S. 128–140.

anzuwenden, sondern den Anderen zu einem kompromissbereiten Verhalten in der Verhandlung zu bringen. Das Ergebnis, das sich bei der Wahl der Drohstrategien einstellen würde, ist der Konfliktpunkt c des Spiels. Nach Axiom 2 wird also kein Spieler einer Lösung zustimmen, wenn er weniger bekommt als im Konfliktpunkt.

Wie kommen wir nun zu den Drohstrategien und zum Konfliktpunkt? Schauen wir uns dazu als einfaches Beispiel nochmals das Gefangenendilemma „Straßenbeleuchtung" aus dem Abschnitt 2.1 an (Tabelle 34).

Tabelle 34
Spielmatrix zur Straßenbeleuchtung

Müller \ Meier	- Bauen	Nicht bauen
Bauen	30/30	-20/80
Nicht bauen	80/-20	0/0

Da es bei der Wahl der Drohstrategien darauf ankommt, sich selber gut und den Anderen schlecht zu stellen, interessieren hier die Differenzen in den Auszahlungen, die es für die Spieler zu maximieren gilt. Wir transformieren als Nebenrechnung die Spielmatrix in eine Differenzenmatrix (Tabelle 35).

Tabelle 35
Differenzenmatrix zur Straßenbeleuchtung

Müller \ Meier	Bauen	Nicht bauen
Bauen	0/0	-100/⟨100⟩
Nicht bauen	⟨100⟩/-100	0/0

Das Nullsummenspiel der Differenzenmatrix lösen wir nun ganz normal, indem wir auf ein NG hin untersuchen. Das NG der Differenzenmatrix liegt hier „rechts unten", das bedeutet, die jeweiligen Drohstrategien lauten für Müller und Meier: Wenn die Verhandlung scheitert, beteilige ich mich nicht an den Kosten!

Wir kehren jetzt wieder zur eigentlichen Spielmatrix zurück; die Differenzenmatrix hat bereits ihre Schuldigkeit getan, wir brauchen sie nur, um die Drohstrategien zu ermitteln. In der Spielmatrix sehen wir nun, dass der Konfliktpunkt zum Ergebnis 0/0 führt. Nach Axiom 1 ist der Konfliktpunkt kein rationales Verhandlungsergebnis, denn er ist pareto-ineffizient. Mit einem Scheitern der Verhandlung ist nicht zu rechnen. Ausschließen können wir auch, dass nur einer die Baukosten trägt, denn derjenige würde sich schlechter stellen als im Konfliktpunkt, was nach Axiom 2 nicht sein darf. So bleibt als rationales Verhandlungsergebnis nur ein Feld übrig: Beide einigen sich, die Straßenbeleuchtung zu bauen und die Kosten zu teilen.

Solange das Spiel so einfach strukturiert ist, wären wir sicher ganz intuitiv auch auf diese Lösung gekommen. Es kann aber auch leicht unübersichtlich werden, und dann ist es gut, einen allgemein gültigen Lösungsalgorithmus anwenden zu können. Betrachten wir nun ein Spiel zweier Unternehmen (A, B) die ihre zukünftigen Produktstrategien (1, 2) abstimmen wollen. Ihre Auszahlungen sind gegeben durch folgende Matrix (Tabelle 36):

Tabelle 36
Spielmatrix Verhandlungsspiele

A \ B	B 1	B 2
A 1	2/5	–2/–5
A 2	C: –3/–1	6/2

Über eine Differenzenmatrix können wir eindeutig A2 und B1 als Drohstrategien identifizieren. Der Konfliktpunkt des Spieles ist dann C: –3/–1. Die möglichen pareto-optimalen Lösungen sind A1/B1 mit den Pay-offs 2/5 und A2/B2 mit den Pay-offs 6/2. Um zwischen diesen Feldern unterscheiden zu können, benötigen wir hier noch ein drittes Axiom, das aber vielleicht nicht ganz so unmittelbar einleuchtet.

Axiom 3: Realisiert wird das Feld mit dem höchsten *Nash-Produkt*.

Das Nash-Produkt (NP) ist: $NP = (E_m - C_m) \times (E_n - C_n)$

Das NP ist also das Produkt aus den jeweiligen Ergebnissen, die die Spieler in einem Feld über das Ergebnis im Konfliktpunkt hinaus erzielen.

Wir müssen uns das in unserem Beispiel genau anschauen, um dieses Konzept zu verstehen. Nach obiger Formel ergeben sich für die in Frage kommenden Felder folgende Nash-Produkte:

$NP (A1 / B1) = [2 - (-3)] \times [5 - (-1)] = 30$

$NP (A2 / B2) = [6 - (-3)] \times [2 - (-1)] = 27$

Die Nash-Verhandlungslösung ist also das Feld A1/B1 mit dem höheren Nash-Produkt von 30. Aber warum sollte die Lösung 2/5 eher ein Verhandlungsergebnis sein als 6/2? Warum sollte sich A darauf einlassen? Die Nash-Verhandlungslösung beruht wesentlich darauf, dass die Spieler immer den Konfliktfall vor Augen haben. Spieler A würde sich bei einem Scheitern der Verhandlung mit –3 deutlich schlechter stellen als Spieler B mit –1. A hat also ein (noch) größeres Interesse als B, dass man sich irgendwie einigt. Jedes Ergebnis ist für ihn besser als ein Konflikt. B kann glaubwürdiger mit dem Abbruch der Verhandlung drohen und entsprechend hat B eine stärkere Stellung. Daraus ergibt sich hier, dass B von den beiden möglichen Verhandlungsergebnissen voraussichtlich das für ihn Bessere durchsetzen wird.

Wenn es sich um Geldbeträge handelt, muss das so nicht stimmen, denn dann wird meistens die Variante „Verhandlung mit *Ausgleichszahlung*" gespielt. Bei dieser Spielform, können die Spieler nach der Wahl des Feldes eine zusätzliche Zahlung (az) vereinbaren, die Einer an den Anderen zahlt. Bei Spielen mit erlaubter Ausgleichszahlung ist das Lösungsfeld immer das Feld, bei dem die Summe der Ergebnisse maximal wird. Alle anderen Felder sind bei möglichen Ausgleichszahlungen nicht mehr pareto-optimal. In unserem Fall würden dann beide A2/B2 mit 6/2 wählen. Die 8 Einheiten, die sie damit in der Summe erzielen, würden sie aber nicht gleichmäßig aufteilen, denn jetzt kommt wieder das Argument, das Spieler A im Konfliktfall mehr zu verlieren hat und deshalb in der Verhandlung mit weniger zufrieden ist. Die erwartete Ausgleichszahlung az ist so zu bestimmen, dass das NP maximal wird. Da hier A an B einen Ausgleich (az) zahlen muss, gilt:

$$NP = [6 - (-3) - az] \times [2 - (-1) + az]$$

$$= -az^2 + 6az + 27$$

$$NP' = -2az + 6 \overset{!}{\longrightarrow} 0$$

$$az = 3$$

Spieler A zahlt an den Spieler B 3 Einheiten und hat dann nach der Ausgleichszahlung 3; B erzielt 5 Einheiten und das maximale Nash-Produkt ist:

$$NP = [6 - (-3) - 3] \times [2 - (-1) + 3] = 36.$$

Versuchen wir nun, auch den „Kampf der Geschlechter" friedlich über eine Verhandlung zu lösen. Betrachten wir dazu Tabelle 37.

Tabelle 37
Verhandlungslösung beim Kampf der Geschlechter

Frau \ Mann	Fußball	Oper
Fußball	1/3	0/0
Oper	C: 0/0	5/2

Die Drohstrategien sind, dass beide ankündigen notfalls alleine zum Fußball (Mann) oder zur Oper (Frau) zu gehen. Das ist nur eine leere Drohung, denn das wäre pareto-ineffizient, schließlich haben beiden nur dann etwas vom Abend, wenn sie ihn gemeinsam verbringen. Da der Konfliktpunkt mit 0/0 bewertet ist, ergeben sich die NP zu:

NP (Fußball) = [(1 − 0) × (3 − 0)] = 3

NP (Oper) = [(5 − 0) × (2 − 0)] = 10

Ziemlich eindeutig werden sie wohl in die Oper gehen. Das hat seinen Grund in den unterschiedlichen Nutzenwerten. Für „Frau" ist es ein großer Nutzenunterschied, ob Oper oder Fußball dabei herauskommt, bei „Mann" sind die Unterschiede deutlich kleiner. Die Spielerin „Frau" wird also wesentlich leidenschaftlicher für den Opernbesuch argumentieren, der „Mann" eher nachgeben, für ihn ist es nicht gar so schlimm, auf den Fußball zu verzichten. Wäre auch hier die Variante mit Ausgleichszahlung denkbar? Nicht direkt, da es sich um abstrakte Nutzeneinheiten handelt, nicht um Geld. Indirekt aber schon! Der Ausgleich könnte hier darin bestehen, dass Spieler „Frau" insofern etwas Nutzen abgibt, indem sie den „Mann" zum Ausgleich nach der Vorstellung in dessen Lieblingsrestaurant zur Pasta einlädt, oder was sie sich sonst noch so vorstellen mögen.

5.2 Lösungen von stetigen Verhandlungsspielen

In diesem Abschnitt betrachten wir stetige Verhandlungsspiele, bei denen es um genau einen Verhandlungsgegenstand geht. Solche Situationen findet man immer bei Preisverhandlungen, bei Verhandlungen über die Miete, über Zinsen oder Löhne. Einer möchte möglichst viel, der Andere möglichst wenig.

Wir stellen uns zunächst ein besonders einfaches Spiel vor, um die Herangehensweise deutlich zu machen. Ein Spielleiter stellt zwei Spielern 100 Euro zur Verfügung über deren Aufteilung diese verhandeln sollen. Können sie sich nicht einigen, müssen sie die 100 Euro wieder zurückgeben. Im Konfliktpunkt erzielen also beide 0 Euro (C: 0/0). Pareto-Optimal ist jede beliebige Aufteilung der gesamten 100 Euro. Ein Vorschlag, bei dem beide sich je 40 Euro nehmen und 20 Euro zurückgeben, wäre pareto-ineffizient und wohl nicht ernsthaft zu erwarten. Bezeichnen wir die Beträge, die die Spieler aushandeln mit A und B muss also gelten:

$$A + B = 100 \text{ und damit } B = 100 - A.$$

Das Nash-Produkt des Verhandlungsspieles ist:

$$NP = (A - 0) \times (B - 0) = (A - 0) \times (100 - A - 0) = -A^2 + 100A$$

Ein maximales NP ergibt sich zu:

$$NP' = -100 - 2A \xrightarrow{\ !\ } 0$$

$$A = 50 \text{ und } B = 50$$

Das haben Sie sicher auch so erwartet: Beide teilen sich in der Nash-Verhandlungslösung die 100 Euro zu gleichen Teilen. Entscheidend sind hier zwei Faktoren: Erstens haben beide das gleiche Ergebnis im Konfliktfall. Zweitens entscheiden beide risikoneutral nach dem Geldbetrag. Hätten wir anstelle der Geldbeträge unterschiedliche Risikonutzenfunktionen für unsere Spieler als Entscheidungskriterium verwendet, wäre auch die Aufteilung ungleich gewesen. Der Spieler mit der höheren Risikoaversion erhält weniger! Risikoaversion ist in Verhandlungen mit risikoneutralen oder risikofreudigen Gegenspielern ein echtes Handicap.

Betrachten wir nun als Anwendungsfall eine Preisverhandlung. Ein Lieferant (L) bietet einem Händler (H) ein Produkt zum Weiterverkauf an Endkunden an. Über den Preis (p) und die Menge (x) treffen sich beide zu einer Verhandlung. Die Situation entspricht dem preistheoretischen Modell eines bilateralen Monopols zwischen zwei Unternehmen.[51]

Für den Lieferanten gelten folgende Gleichungen:

(1) Erlös $(E_L) = x \times p$

(2) Kosten $(K_L) = 0{,}5\, x^2 + 4$

(3) Gewinn $(G_L) = x \times p - 0{,}5\, x^2 - 4$

Der Händler kann das Produkt an die Endkunden zum Preis q verkaufen. Für ihn gelten folgende Funktionen:

(4) Preis-Absatz-Funktion: $q = 15 - 0{,}25x$

(5) Erlös $(E_H) = 15x - 0{,}25x^2$

(6) Kosten $(K_H) = p \times x + 2$

(7) Gewinn $(G_H) = 15x - 0{,}25x^2 - p \times x - 2$

Wir nehmen der Einfachheit halber an, dass bei einem Scheitern der Verhandlung beide weder Gewinn noch Verlust machen, der Konfliktpunkt ist also c: 0/0. Beide streben maximalen Gewinn an, keiner würde einem Vetrag zustimmen, der ihm Verluste einbringt.

Zunächst schauen wir uns eine zeichnerische Lösung mit Hilfe von Isogewinnkurven an. Dieses sind Kurven gleichen Gewinns und sie können aus den Gewinnfunktionen (3) und (7) durch umstellen nach p gewonnen werden:

(8) Isogewinnkurve des Lieferanten: $p = 0{,}5x + \frac{4}{x} + \frac{G_L}{x}$

(9) Isogewinnkurve des Händlers: $p = 15 - 0{,}25x - \frac{2}{x} - \frac{G_H}{x}$

Für den Gewinn können nun beliebige positive Werte eingesetzt werden. Für den Lieferanten entstehen nach oben geöffnete Parabeln (Abbildung 17), je höher der Gewinn desto höher im Koordinatensystem liegt die Kurve. Für den Händler sind die Parabeln nach unten geöffnet (Abbildung 18) und sie liegen umso tiefer, je höher der Gewinn darauf ist.

---

[51] Schumann: Grundzüge der mikroökonomischen Theorie, 1980, S. 254 ff.

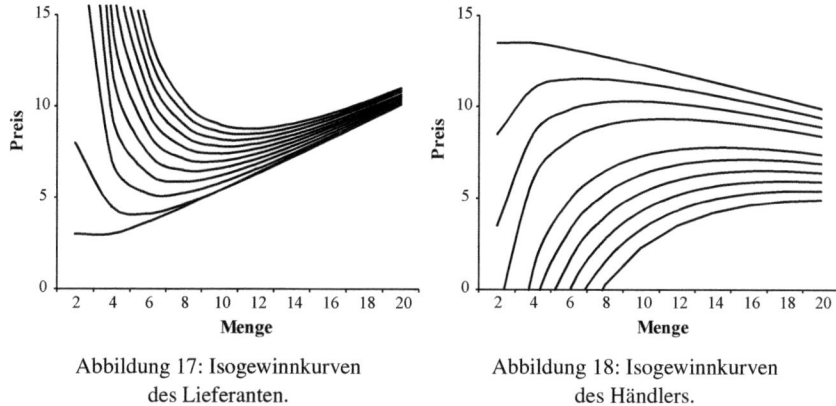

Abbildung 17: Isogewinnkurven des Lieferanten.

Abbildung 18: Isogewinnkurven des Händlers.

Jeder Punkt auf einer Kurve steht für einen identischen Gewinn. Wir können nun die Isogewinnkurvenschar für beide in einem einzigen Koordinatensystem zeichnen (Abbildung 19). Da keiner einen Verlust akzeptieren würde, ist das Verhandlungsergebnis durch die beiden Isogewinnkurven mit dem Index 0 auf die schraffierte Fläche, dem so genannten *Kern* des Spiels, begrenzt. Außerhalb des Kerns würde mindestens einer von beiden Verlust machen, also schlechter abschneiden als im Konfliktfall.

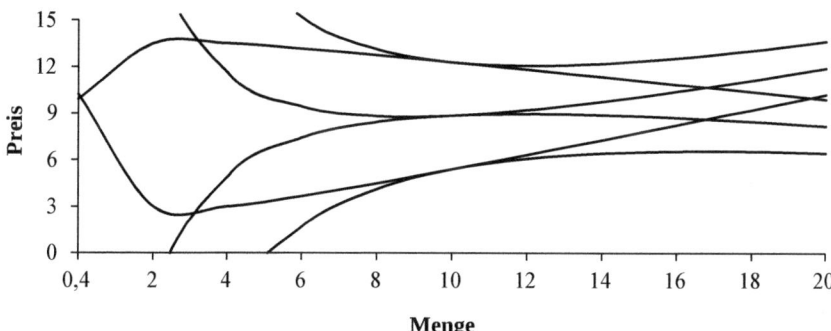

Abbildung 19: Isogewinnkurven des Lieferanten und des Händlers.

Wir können den Lösungsbereich aber noch weiter einschränken, wenn wir nur die pareto-optimalen Ergebnisse zulassen. Pareto-optimal kann bei einem stetigen Spiel nur der Bereich sein, in dem der insgesamt mögliche Gewinn beider zusammen maximal wird. Um diesen zu ermitteln, bilden wir aus den Gewinnfunktionen (3) und (7) durch Addition die Gesamtgewinnfunktion:

(10) $\qquad G = x \times p - 0{,}5x^2 - 4 + 15x - 0{,}25x^2 - p \times x - 2$

Für den Gesamtgewinn spielt der auszuhandelnde Preis keine Rolle, da er für den einen Erlös und den anderen Kosten darstellt. So vereinfacht sich die Gesamtgewinnfunktion zu:

(11) $$G = -0.75\, x^2 + 15x - 6$$

Das Gewinnmaximum ergibt sich zu:

$$G' = -1.5x + 15 \overset{!}{\longrightarrow} 0$$

$$x = 10$$

Die Menge ist in der Verhandlung also gar nicht strittig. Unter der Prämisse, dass sich beide nur auf pareto-optimale Lösungen einigen werden, ist klar, dass es um die Lieferung von x = 10 Stück gehen wird. Durch Einsetzen in die Gesamtgewinnfunktion (10) ermitteln wir für x = 10 einen erzielbaren Gesamtgewinn von G = 69. Damit ist also nicht der gesamte Kern, sondern nur eine senkrechte Linie über x = 10 die Lösungsmenge. Der Kern begrenzt allerdings die Preise nach oben und unten. Setzen wir x = 10 jeweils in beiden Isogewinnkurven mit dem Index 0 ein, so sehen wir, dass es eine Preisuntergrenze bei 5,40 und eine Preisobergrenze bei 12,30 gibt. Außerhalb dieser Preisspanne würde einer von beiden Verluste machen.

Die Nash-Verhandlungslösung finden wir nun, indem wir das NP mit den Gewinnen als Zielgröße maximieren. Da bei der pareto-optimalen Menge x = 10 gilt:

$$G = G_L + G_H = 69 \text{ und damit } G_H = 69 - G_L$$

können wir für das NP schreiben:

$$NP = (G_L - 0) \times (69 - G_L - 0) = 69 \times G_L - G_L^2$$

Das maximale NP ist dann:

$$NP' = 69 - 2 \times G_L \overset{!}{\longrightarrow} 0$$

$$G_L = G_H = 34.5$$

Da beide risikoneutral entscheiden und der Gewinn im Konfliktpunkt für beide identisch ist, wird der mögliche maximale Gewinn in der Nash-Verhandlungslösung gleich geteilt. Den Preis können wir nun ermitteln, indem wir in die Isogewinnkurven (8) oder (9) die Menge x = 10 und den Gewinn von 34,5 einsetzen.

Das Ergebnis ist 8,85. Sie einigen sich also auf einen Vertrag, bei dem der Lieferant 10 Stück zu 8,85 Geldeinheiten pro Stück an den Händler liefert. Der Händler erzielt gemäß der Preis-Absatz-Funktion (4) einen Verkaufspreis von 12,50.

6. Spiele mit asymmetrischer Informationsverteilung

6.1 Warum Gleichgewichte bei unvollständiger Information problematisch sind

Alle bisher untersuchten Spiele waren Spiele mit symmetrischer Information. Die Spieler hatten einen identischen Informationsstand, wie z. B. zwei Schachspieler. Viele Anwendungen ähneln aber eher der Situation eines Kartenspiels wie Skat oder Poker. Man kennt seine eigenen Karten, aber man weiß nicht, was die Anderen auf der Hand haben. Die Informationen sind asymmetrisch verteilt. Wenn dies mit Beginn des Spiels der Fall ist, spricht man von unvollständiger Information. Informationen die nur ein Spieler hat, sind seine *„privaten Informationen"*.

Das Lösungskonzept, das die Spieltheorie dazu anbietet, schauen wir uns am einfachen Beispiel eines simultanen Markteintrittsspiels an. Die Spieler 1 und 2 sind Filialleiter, die entscheiden, ob sie in einer neuen Einkaufsgalerie eine Filiale eröffnen (E) oder nicht (N). Spieler 2 weiß dabei nicht, ob Spieler 1 hohe Kosten oder niedrige Kosten hat. Hohe oder niedrige Kosten sind also eine private Information des Spielers 1. Es sind nun zwei Spielmatrizen möglich (Tabelle 38 und 39).

Tabelle 38
Hohe Kosten für Spieler 1

Spieler 1 \ Spieler 2	2 E	2 N
1 E	0/–1	2/0
1 N	2/2	3/0

Tabelle 39
Niedrige Kosten für Spieler 1

Spieler 1 \ Spieler 2	2 E	2 N
1 E	3/–1	5/0
1 N	2/2	3/0

Spieler 2 weiß nicht, welches Spiel gespielt wird und ordnet stattdessen den beiden Situationen subjektive Wahrscheinlichkeiten zu. Diese nennt man seine *„Believes"*, also das, woran er glaubt. Es gehört zu diesem Lösungskonzept, dass man unterstellt, dass die „Believes" auch dem Spieler 1 bekannt sind, sie sind *common knowledge*, d. h. allgemein bekannt. Das ist vielleicht eine etwas kritikwürdige Annahme, es erleichtert die Lösungssuche aber ungemein.

Wir unterstellen hier folgende „Believes": Spieler 2 glaubt mit 40 % Wahrscheinlichkeit, dass Spieler 1 hohe Kosten hat und mit 60 % Wahrscheinlichkeit glaubt er an niedrige Kosten bei Spieler 1. Spieler 2 trifft nun die Strategiewahl nach dem Erwartungswert, wobei er es hier einfach hat: Er kann davon ausgehen, dass Spieler 1 bei hohen Kosten 1N und bei niedrigen Kosten 1E wählen wird, da dies in den jeweiligen Situationen dominante Strategien des 1 sind. Seine Erwartungswerte für die Strategien sind dann:

$$\mu\ (2E) = 0{,}2\ [= 0{,}6 \times (-1) + 0{,}4 \times 2]$$

$$\mu\ (2N) = 0$$

Spieler 2 entscheidet sich nach dem Erwartungswertkriterium also für den Markteintritt (2E), Spieler 1 je nach Kosten. Die gefundene Lösung nennt man ein *Bayes-Nash-Gleichgewicht* (BNG), da es einerseits der Definition eines „normalen" Nash-Gleichgewichtes entspricht, es andererseits unter Verwendung der Bayeschen Erwartungswertregel zustande kommt. Es lautet hier: BNG: 40 % × (1N / 2E); 60 % × (1E / 2E): 2,6 / 0,2

Bei hohen Kosten des 1 ist das Resultat identisch mit der Lösung bei vollständiger Information, bei niedrigen Kosten jedoch nicht. In diesem Fall hätte bei vollständiger Information 2 auf den Markteintritt verzichtet. Das Ergebnis bei niedrigen Kosten ist für beide schlechter als bei vollständiger Information. Es ist also nicht unbedingt ein Vorteil private Informationen zu besitzen. Spieler 1 sollte in diesem Fall besser versuchen, seine niedrigen Kosten glaubwürdig zu signalisieren bevor das Spiel beginnt. Da die „Believes" des 2 ihm ja annahmegemäß bekannt sind, weiß er auch, dass 2 in den Markt eintreten wird, und dass damit eine pareto-ineffiziente Lösung durch die asymmetrische Informationsverteilung droht.

Aber auch Spieler 2 kann etwas gegen diese schlechte Lösung unternehmen. Er braucht nur abzuwarten was Spieler 1 entscheidet, dann weiß er, was 1 für eine Kostenstruktur hat. Die asymmetrische Information löst sich in diesem Beispiel auf, wenn der schlechter Informierte einfach abwartet und als Zweiter entscheidet. Dies ist häufig so bei Spielen mit asymmetrischer Information, weswegen der sequentiellen Variante hierbei eine größere Bedeutung zukommt. Aber auch dann kann es Probleme mit der Lösung geben.

Betrachten wir nun ein solches sequentielles Spiel. Das Unternehmen Alpha kann die Produktstrategien A oder B wählen, die Marktlage kann „gut" oder „mäßig" sein. Unternehmen Beta handelt nach Alpha und muss zwischen seinen Strategien X oder Y wählen. Alpha kennt aufgrund einer Marktforschung die Marktlage, Beta jedoch nicht. Beta hält es für gleich wahrscheinlich, dass die Lage „gut" oder „mäßig" ist.

Dem Spielbaum (Abbildung 20) wird nun nach der *Harsanyi-Transformation*[52] ein *„Zug der Natur"* vorangestellt. Die „Natur" ist also der Spieler, der das Spiel

---

[52] Harsanyi: Games with Incomplete Information Played by Bayesian Players, Management Science 14, 1967/68, S. 159 ff.

6. Spiele mit asymmetrischer Informationsverteilung 89

eröffnet. Besser würde man hier aber nicht von der Natur, sondern vom Zufall sprechen. Mit gleicher Wahrscheinlichkeit werden hier durch die Natur zwei Teilspiele eröffnet, dann folgt Alpha, der als einziger weiß welches Spiel die Natur spielt, schließlich Beta. Die Ergebnisse sehen wir an den Ergebnisknoten des Spielbaums.

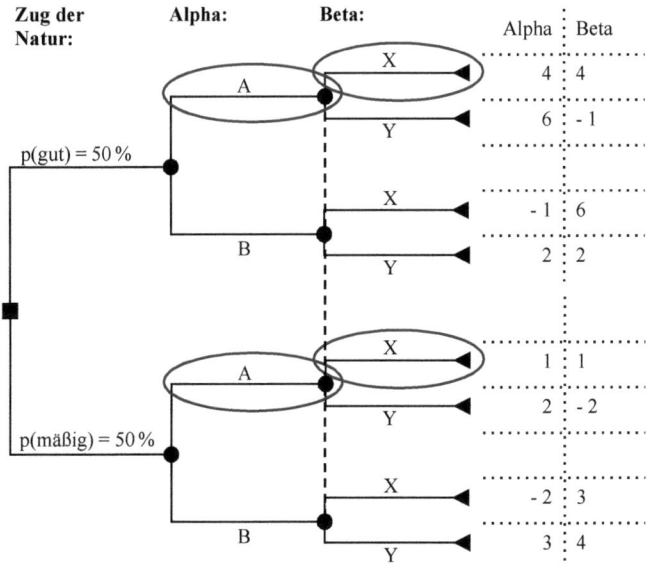

Abbildung 20: Spielbaum bei asymmetrischer Informationsverteilung.

Die gestrichelte Linie an den Endknoten des Alpha soll uns daran erinnern, dass Beta zwar beobachten kann, ob Alpha sich für A oder B entschieden hat, er aber nicht weiß, welches Teilspiel die Natur gewählt hat. Dies ist eine private Information des Alpha.

Wir müssen das Spiel jetzt mit „backward induction" in zwei Schritten lösen. Im ersten Schritt ermittelt Beta mit Hilfe seiner „Believes" die Erwartungswerte seiner möglichen Strategien. Diese lauten:

Spiele X nach A: $\mu = $ **2,5**

Spiele Y nach A: $\mu = -1,5$

Spiele X nach B: $\mu = $ **4,5**

Spiele Y nach B: $\mu = 3$

Für Beta ist es bei einer Wahrscheinlichkeitsannahme von je 50 % für die beiden Marktlagen dominant X zu spielen.

Im zweiten Schritt bestimmen wir nun die Strategiewahl des Alpha. Da die „Believes" des Beta „common knowledge" sind, also auch dem Alpha bekannt, kann dieser die Rechnung des Betas vorhersehen und erkennen, dass dieser X bevorzugen wird. Der Spielbaum zeigt, dass er sowohl bei Marktlage „gut" als auch bei „mäßig" seine besten Ergebnisse bei der Wahl der Strategie A erzielen wird. Das Bayes-Nash-Gleichgewicht lautet hier: A/X: 2,5/2,5.

Doch bei dieser Lösung gibt es ein Problem! Bei guter Marktlage ist gegen den Lösungspfad A/X nichts einzuwenden. Die Frage ist aber, ob bei mäßiger Marktlage nicht doch ein besseres Ergebnis rational begründbar ist.

Stellen wir uns dazu vor, Alpha würde bei der mäßigen Marktlage abweichend zu der ermittelten Lösung B spielen. Was würde dann passieren? Beta muss seine Strategiewahl auf den Prüfstand stellen, damit hatte er nicht gerechnet. Seine ursprüngliche Strategie im Bayes-Nash-Gleichgewicht beruht auf der vor Spielbeginn (a priori) angenommenen Wahrscheinlichkeitsverteilung 50/50. Aber möglicherweise steckt in der beobachtbaren Handlung des Alpha eine Information, welche die a priori angesetzten Wahrscheinlichkeiten verändert. Beta wird bei der Analyse des Spielbaums feststellen, dass die Strategie B im Falle der guten Marktlage strikt dominiert wird. Alpha würde also bei guter Marktlage niemals B spielen! Bei mäßiger Marktlage gibt es für Alpha keine Dominanz einer Strategie. Das Spielen der Strategie B kann also nur damit erklärt werden, dass die Marktlage „mäßig" sein muss.

Die a priori gesetzten Wahrscheinlichkeiten müssen mit 0 % für „gut" und 100 % für „mäßig" geändert werden. Interpretiert also Beta die Wahl von B als zuverlässiges Signal für eine mäßige Marktlage, gilt auch nicht mehr die ursprüngliche Rechnung. Er wird, wie der Spielbaum zeigt, bei mäßiger Marktlage auf B mit Y antworten und beide verbessern sich dadurch.

Wenn Beta also mitdenkt, ist die gefundene Lösung nicht mehr plausibel. Es handelt sich nicht um ein perfektes Bayes-Nash-Gleichgewicht. Ein perfektes Bayes-Nash-Gleichgewicht liegt dann vor, wenn es keinen Grund gibt, nach der Wahl des Spielers 1 seine „Believes" zu ändern bzw. wenn die Änderung der „Believes" nicht zu einer Änderung der Strategiewahl führt. Oder einfacher ausgedrückt: Ein perfektes Bayes-Nash-Gleichgewicht ist stabil bei Wahrscheinlichkeitsanpassungen. Das aber ist hier nicht der Fall.

Man kann das Lösungskonzept des BNG also nicht rein mechanistisch anwenden, sondern muss immer eine Art Nachprüfung vornehmen um zu testen, ob es auch perfekt ist. Wie schon an diesen Beispielen ersichtlich, sind solche asymmetrischen Informationsverteilungen deutlich schwieriger zu handhaben als Spiele mit vollständiger Information. Dafür sind sie aber häufig realistischer und oft sind die Lösungen dazu sehr interessant.

6.2 Die Prinzipal-Agenten-Theorie und das Problem „adverse selection"

Besonders interessante Anwendungsfälle von Situationen mit asymmetrischer Informationsverteilung werden in der Prinzipal-Agenten-Theorie (PAT) behandelt. Die PAT wird häufig auch unter der Überschrift der „Neuen Institutionenökonomie" oder der „Informationsökonomie" behandelt, doch passt sie von ihrer Thematik her sehr gut in die Spieltheorie. Die Grundstruktur der PAT Probleme ist, dass ein schlecht informierter Prinzipal in vertraglicher Abhängigkeit zu der Leistung eines besser informierten Agenten steht. Typische Prinzipal-Agenten-Beziehungen gibt es zwischen einem Geschäftsinhaber und seinem Geschäftsführer, zwischen Aktionären und Vorstand, Geldgeber und Gründer oder einem Versicherungsgeber und einem Versicherungsnehmer, um nur einige Beispiele zu nennen. Mittlerweile werden in der Betriebswirtschaft eine Fülle von Anwendungen dazu behandelt.[53]

In ihrer einfachsten Form werden dabei keine echten Verhandlungen modelliert, sondern reine „*take it or leave it*" Varianten: Der Prinzipal macht ein Angebot, das der Agent nur annehmen oder ablehnen kann. Im engeren Sinne der ursprünglichen PAT geht es dabei um jene Probleme, die sich erst nach Vertragsunterzeichnung zwischen Prinzipal und Agent durch abweichendes Agentenverhalten ergeben können. Dazu kommen wir im nächsten Abschnitt. Hier behandeln wir zunächst die typischen Fälle von *unvollständiger Information* wie sie vor Vertragsabschluss bestehen. Man spricht dabei von „*hidden information*", also von versteckten Informationen. Das Problem, das sich daraus ergibt, ist die „*adverse selection*"; eine negative und für den Prinzipal höchst gefährliche Auswahl. Wir stellen uns dazu eine Bank vor, die in der Rolle des schlechter informierten Prinzipals keine Kenntnisse über die Kreditwürdigkeit ihrer Kreditkunden einholt. Die Bank wird gezwungen sein, vergleichsweise hohe Zinsen zu verlangen, um die Ausfälle kompensieren zu können. Aber je höher ihre Zinsen sind, desto mehr zieht sie die Kunden an, die anderswo keinen Kredit bekommen. Durch diese adverse selection wird die Kreditqualität immer schlechter und damit müssen die Zinsen mehr und mehr steigen, bis die Bank schließlich keine Kunden mehr hat.

Der Begriff der adverse selection kommt ursprünglich aus der Versicherungswirtschaft und aus diesem Bereich wollen wir uns eine modellhafte Anwendung einmal näher ansehen.[54] Wir stellen uns einen Markt für eine Schadensversicherung vor, der aus zwei Typen (A und B) von potentiellen Kunden besteht, die jeweils 50 % der Personen ausmachen.

Um es einfach zu halten, verfügen beide Typen über ein identisches Vermögen in Höhe von 10.000 GE, eine identische mögliche Schadenshöhe in Höhe von

---

[53] Vgl. Jost (Hrsg.): Die Prinzipal-Agenten-Theorie in der Betriebswirtschaftslehre, 2001.
[54] Rothschild/Stiglitz: Equilibrium in Competitive Insurance Markets: An Essay on the Economics of Imperfect Information, Quarterly Journal of Economics 90, 1976, S. 629–649.

5.000 und über eine gleiche Risikonutzenfunktion (RNF) mit $U = V^{0,5}$. Sie unterscheiden sich jedoch in der Schadenswahrscheinlichkeit: Der vorsichtigere Typ A verursacht in einer Periode mit 10 % Wahrscheinlichkeit einen Schaden und der unvorsichtige Typ B mit 20 %. Bleiben Sie unversichert, schmälert ein mögliches Schadensereignis ihr Vermögen um 5.000.

Die Versicherung kennt diese Daten, weiß aber nicht, ob ein möglicher Kunde von Typ A oder B ist. Sie ist in der Rolle des schlechter informierten Prinzipals, die Kunden sind hier die Agenten, die ihren Typ kennen. Wegen dieser versteckten Information kalkuliert die Versicherung nun eine durchschnittliche faire Versicherungsprämie nach dem Erwartungswert des Schadens. Auf einen Verwaltungskostenaufschlag sei hier verzichtet. So ergibt sich die faire Prämie (P) zu:

$$P = 0{,}5 \times 0{,}1 \times 5000 + 0{,}5 \times 0{,}2 \times 5000 = 750.$$

Eine solche Mischkalkulation nennt man in der PAT eine *Pooling-Lösung*. Wir werden aber gleich sehen, dass dies hierbei kein stabiles Gleichgewicht sein kann. Dafür versetzten wir uns in die Situation der Kunden, die sich fragen, ob sie sich gegen den möglichen Schaden versichern wollen oder nicht. Sie entscheiden nach dem Erwartungsnutzen und der ergibt sich für sie wie folgt:

Tabelle 40
Erwartungsnutzen des potentiellen Versicherungsnehmers

Nutzen	Ohne Versicherung	Mit Versicherung (P = 750)
Typ A	$0{,}9 \times 10.000^{0,5} + 0{,}1 \times 5.000^{0,5} =$ **97,071**	$(10.000 - 750)^{0,5} =$ **96,177**
Typ B	$0{,}8 \times 10000^{0,5} + 0{,}2 \times 5000^{0,5} =$ **94,142**	$(10000 - 750)^{0,5} =$ **96,177**

Der unvorsichtige Typ B erzielt den größten Nutzen wenn er die Versicherung abschließt. Für den vorsichtigeren – und für die Versicherung eigentlich lukrativeren – Typ A ist der Nutzen größer, wenn er unversichert bleibt. Bei seiner geringen Schadenswahrscheinlichkeit ist ihm die geforderte Prämie einfach zu hoch!

Es kommt nun zur adverse selection: Die Versicherung schließt in der Pooling-Lösung nur Verträge mit dem unvorsichtigen Typ B ab. Die Kalkulation geht nicht auf, denn die a priori gesetzte Wahrscheinlichkeitsverteilung stellt sich nicht ein. Wenn die Versicherung nicht schnell ihre Prämie erhöht, wird sie massive Verluste erleiden. Aber mit noch höheren Prämien wird sie erst recht keinen Kunden vom Typ A bekommen.

Ein Ausweg aus der adverse selection ist das *Screening*. Beim Screening versucht die schlechter informierte Seite die fehlenden Informationen zu beschaffen. Im Versicherungsgewerbe gibt es dazu eine besonders raffinierte Variante. Es werden verschiedene Verträge angeboten und mit der Wahl des Vertrages legen die Kunden ihren Typ offen. Es kommt dann zu einem *Trennungsgleichgewicht* durch „*self selection*". In unserem Beispiel wäre das Screening wie folgt möglich:

Es werden zwei Vertragsangebote gemacht:

- Der Vertag SB mit einer Selbstbeteiligung von 4.000 € und einer Prämie in Höhe von X.

- Der Vertag VO, eine Vollversicherung wie bisher, mit einer Prämie in Höhe von Y.

Die Idee dabei ist, dass der Typ B weiter die Vollversicherung zu einer höheren Prämie als in der Pooling-Lösung wählt und Typ A zu einer sehr günstigen Prämie einen Vertrag mit Selbstbeteiligung abschließt. Damit das funktioniert, müssen jedoch bestimmte Anreize gegeben sein, deshalb spricht man etwas umständlich von den *Anreizverträglichkeitsbedingungen* AVB (incentive compatibility constraint), die erfüllt sein müssen. Die AVB lauten hier:

- Typ A wählt dann den Vertrag SB mit einer Prämie X, wenn der Nutzen daraus größer ist als weiter unversichert zu bleiben.

$$\text{AVB 1: } 0{,}9 \times (10.000 - X)^{0{,}5} + 0{,}1 \times (6.000 - X)^{0{,}5} > 97{,}071$$

- Typ B bleibt dann beim Vertrag VO mit einer Prämie Y, wenn der Nutzen daraus größer ist als bei Abschluss des Vertrages SB mit der Prämie X.

$$\text{AVB 2: } (10.000 - Y)^{0{,}5} > 0{,}8 \times (10.000 - X)^{0{,}5} + 0{,}2 \times (6.000 - X)^{0{,}5}$$

Die beiden Gleichungen sind beispielsweise erfüllt für X = 120 und Y = 1000.

Wir untersuchen nun, wie die Typen entscheiden:

Tabelle 41
Erwartungsnutzen bei verschiedenen Vertragsangeboten

Nutzen	Vertrag SB X = 120	Vertrag VO Y = 1.000	Ohne Versicherung
Typ A	**97,126**	94,868	97,071
Typ B	94,854	**94,868**	94,142

Da beide AVBs erfüllt sind, funktioniert auch das angestrebte Screening: Typ A wählt tatsächlich jetzt die preisgünstige Versicherung SB, Typ B schließt den Vertag VO auch zu der hohen Prämie noch ab. Das Beispiel ist hier natürlich unrealistisch vereinfacht dargestellt. Wir können aber damit gut zeigen, wie durch entsprechende Anreize die adverse selection vermieden werden kann und wie solche Sreening-Modelle prinzipiell mathematisch modelliert sind. Im Endergebnis wird hier die unvollständige Information aufgehoben. Durch die Wahl des Vertrages kennt die Versicherung nun den Typ der Kunden und kann diesen nun weitere zielgruppengerechte Angebote machen.

Schauen wir uns zu solchen PAT-Problemen als Alternative ein Arbeitsmarktmodell an.[55] Wieder sollen nur zwei Typen von Arbeitnehmern (Agenten) existieren, mit hoher (H) oder niedriger (N) Produktivität (P) und konstantem Grenzprodukt von:

$$P(H) = 200 \text{ und } P(N) = 100.$$

Beide Typen haben einen Anteil an den Erwerbspersonen von je 50%. Ein Arbeitgeber (Prinzipal), der nach der Produktivität entlohnt, diese aber nicht im Voraus erkennen kann, bietet ihnen einen durchschnittlichen Lohn (w) in Höhe von: w = 200 × 0,5 + 100 × 0,5 = 150 an.

Dies wäre die Lösung des Pooling-Gleichgewichtes, die aber auch hier fragwürdig ist. Die produktiven Arbeiter vom Typ H fühlen sich unterbezahlt und werden sich nicht zu diesem Lohn bewerben, wenn es andere Arbeitgeber gibt, die ihre Leistung richtig einschätzen und bezahlen. Dann kommt es wieder zu einer adverse selection für den hier betrachteten Prinzipal: Er bekommt nur die unproduktiven Arbeiter vom Typ N, die Löhne sind höher als die Produktivität und er macht Verlust!

Ein Trennungsgleichgewicht kann hier durch *Signaling* zustande kommen. Beim Signaling geht, anders als beim Screening, die Aktivität von den besser informierten Agenten aus. Zumindest der Typ H hat hier ein Interesse daran, seinen Typ zuverlässig zu signalisieren. Das könnte zum Beispiel durch ein Studium der Fall sein. Hier ist die Idee, dass Typ H ein Studium absolviert und Typ N nicht, der Arbeitgeber kann dann das Studium als Signal für den Typ werten und die Informationsasymmetrie ist aufgehoben. Entsprechend wird er dann die Typen unterschiedlich entlohnen, im Trennungsgleichgewicht erhält Typ A 200 und Typ N 100.

Damit das funktioniert müssen wiederum zwei AVBs gleichzeitig erfüllt sein. Typ H studiert nur, wenn der Aufwand A den das Studium durch Lernen erfordert, nicht größer ist als das zu erwartende höhere Gehalt. Der Nutzen, den er im Trennungsgleichgewicht hat, muss größer sein als im Pooling-Gleichgewicht. Es muss also gelten:

$$\text{AVB 1: } 200 - A > 150$$

Gleichzeitig, darf aber Typ N keinen Anreiz zum Studium haben. Das ist nur dann der Fall, wenn das Gehalt im Pooling-Gleichgewicht immer noch größer ist als das Gehalt im Trennungsgleichgewicht abzüglich des Aufwands für das Studium. Dabei gehen wir davon aus, dass für Typ N ein höherer Studiumsaufwand von A + Z nötig ist, er muss also mehr Zeit mit Lernen aufwenden um seine Prüfungen zu bestehen. So muss gelten:

$$\text{AVB 2: } 100 > 150 - A - Z$$

---

[55] Spence: Job Market Signaling, in: Quarterly Journal of Economics 87, 1973, S. 355–374; Zahlenbeispiel angelehnt an Feess: Mikroökonomie, 1997, S. 598 ff.

Umgeformt kann man schreiben:

Bedingung, dass Typ H studiert (AVB 1): A < 50

Bedingung, dass Typ N nicht studiert (AVB 2): Z > 50 − A

Der Studiumsaufwand für Typ A darf ein bestimmtes Level nicht überschreiten. Der zusätzliche Aufwand, den Typ N für das Bestehen des Studiums aufbringen müsste, kann demgegenüber nicht hoch genug sein. Dies kann man auch zeichnerisch in einem Z/A-Diagramm gut darstellen (Abbildung 21).

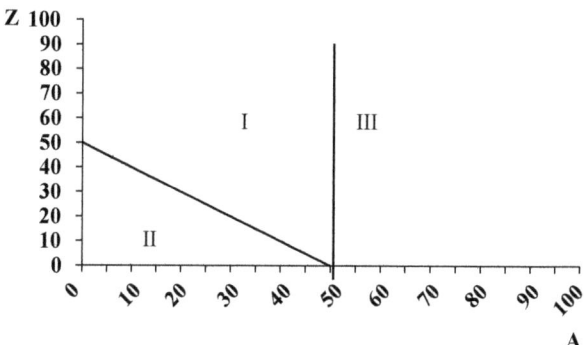

Abbildung 21: Z/A-Diagramm.

Das Trennungsgleichgewicht entsteht nur in dem Feld (I), in dem die Gleichungen AVB 1 und AVB 2 gleichzeitig erfüllt sind. Im Feld II kommt es zum Pooling-Gleichgewicht, da das Studium zu leicht ist und beide Typen studieren. Wir können den Gedanken aber noch weiterspinnen und sagen, dass dann nicht das Studium als solches, sondern die Noten oder Zusatzqualifikationen wie Sprachkenntnisse und Praktika zum Signal werden. Im Feld III ist das Studium so schwer, dass keiner mehr studiert und so ebenfalls nur ein Pooling-Gleichgewicht möglich ist. In letzter Konsequenz heißt das, dass es beim Studium gar nicht darauf ankommt, was man lernt, sondern dass es für wenig produktive Typen unerreichbar schwer sein muss! Tatsächlich ist ein Trennungsgleichgewicht in Signaling-Spielen nicht pareto-optimal. Der zusätzliche Aufwand des Studiums dient nur dazu, ein Signal zu erzeugen, es verbessert sich jedoch nicht die Produktivität des Typs A. Wir wollen aber doch die Hoffnung nicht aufgeben, dass man sich im Studium auch noch verbessern kann.

Ein weiteres Beispiel für asymmetrische Information beschreibt Nobelpreisträger Akerlof[56] und betrifft den Gebrauchtwagenmarkt. Dort gibt es gute Wagen, die „plums" und schlechte, die „Zitronen". Der Käufer, der die Qualität nicht unmittelbar erkennen kann, wird nur bereit sein, einen durchschnittlichen Pooling-Preis zu

---

[56] Akerlof: The Market for Lemons: Qualitative Uncertainty and the Market Mechanism, in: Quarterly Journal of Economics 84, 1970, S. 488–500.

zahlen. Das könnte bedeuten, dass die guten Autos nicht mehr angeboten werden, da deren Besitzer keinen gerechten Preis dafür erzielen können. Infolgedessen geht die durchschnittliche Qualität zurück und damit auch immer weiter die Preise, die die Käufer noch zahlen wollen. Am Ende sind dann nur noch die „Zitronen" übrig und der Markt bricht zusammen.

Ein mögliches Signaling besteht nun darin, dass die Anbieter guter Wagen diese mit Werkstattzertifikaten und Garantien als Signal für gute Qualität anbieten. Das funktioniert dann, wenn die Kosten, die die Anbieter mit guten Wagen für die Zertifikate aufbringen müssen, kleiner sind als der mögliche Preisunterschied am Markt. Dabei darf das Signal aber nicht imitiert werden können. Für die Besitzer von „Zitronen" müssen die Kosten des Zertifikates größer sein als der Preisunterschied. Grundsätzlich kann ein Signal also nur zu einem Trennungsgleichgewicht führen, wenn es unterschiedlich aufwendig zu erwerben ist oder wenn es einen gesetzlichen Schutz dafür gibt. So darf sich nur Steuerberater nennen, wer eine entsprechende Prüfung abgelegt hat, während der Begriff vom Premiumbier auf dem Biermarkt kein Signal ist, weil sich jedes Bier so nennen kann.

6.3 Die Prinzipal-Agenten-Theorie und das Problem „moral hazard"

In unserem letzten Abschnitt widmen wir uns dem ursprünglichen Prinzipal-Agenten-Problem, bei dem sich der Agent nach Vertragsabschluss anders verhält als es der Prinzipal gerne hätte. Es kommt zu *„hidden action"*[57], also versteckten Handlungen des Agenten, der nur an seinen eigenen Nutzen und nicht an dem des Prinzipals interessiert ist. Es kommt zum Problem des *„moral hazard"*, also ein moralisches Wagnis, das der Prinzipal eingeht. Auch dieser Begriff kommt ursprünglich aus der Versicherungswirtschaft. Hier gibt es die Sorge, dass sich ein Versicherungsnehmer nach Vertragsabschluss anders verhält als man das hätte erwarten können. War er vorher vorsichtig, wird er nun möglicherweise leichtsinniger, wenn er einen Schaden ersetzt bekommt. Vielleicht wird er nun sogar behaupten, er hätte den Fernseher seines Freundes beim Besuch umgestoßen, selbst wenn es nicht stimmt: „Zahlt doch die Versicherung" und nachprüfen kann diese die Aussagen meistens nicht! Bei dieser Art der Informationsasymmetrien spricht man (statt von unvollständiger) von *unvollkommener Information*. Die Versicherungen versuchen das moral hazard Problem durch Auflagen (Wohnungstüren müssen bei Diebstahlversicherung abgeschlossen sein) und Selbstbehalte des Versicherten zu reduzieren. Bei privaten Krankenversicherungen gibt es z. B. teilweise Beitragsrückerstattungen, wenn man die Versicherung nicht in Anspruch genommen hat, in der Kfz-Haftpflicht steigen oft die Prämien nach Unfällen.

---

[57] Arrow: The Economics of Agency, in: Pratt et al., Principals and Agents: The structure of Business, 1985, S. 37–51.

6. Spiele mit asymmetrischer Informationsverteilung

Wir wenden uns dem typischen Fall eines Prinzipal-Agenten-Problems zu, bei dem ein Prinzipal einen Agenten mit einer Arbeit betraut hat. Nehmen wir an, das Verkaufen von Staubsaugern oder Versicherungen im Außendienst. Der Prinzipal kann zwar das Ergebnis der Agententätigkeit, den Umsatz, feststellen, er kann jedoch nicht den Arbeitseinsatz des Agenten beobachten. Der Agent kann sich anstrengen oder nicht anstrengen, was Einfluss auf die Wahrscheinlichkeiten (p) für hohen (H = 100.000) oder niedrigen Umsatz (N = 10.000) hat. Es gibt also keine sichere Zuordnung von Arbeitseinsatz und Ergebnis.

Tabelle 42
Wahrscheinlichkeiten zum Arbeitseinsatz der Agenten

Nutzen	Agent strengt sich an	Agent strengt sich nicht an
Hoher Umsatz	P (H) = 0,5	p (H) = 0,25
Niedriger Umsatz	P (N) = 0,5	p (N) = 0,75

Der Prinzipal sei risikoneutral, er setzt den Nutzen gleich dem Gewinn den er maximieren möchte. Der Gewinn (G) des Prinzipals ist: G = Umsatz – Lohn (w)

Der risikoaverse Agent möchte ebenfalls seinen Nutzen maximieren und dieser setzt sich (positiv) aus dem erhaltenen Lohn und (negativ) aus dem empfundenen Arbeitsleid zusammen. Das Arbeitsleid ist größer wenn er sich anstrengt.

Der Agent hat also zwei Nutzenfunktionen (U) zwischen denen er wählen kann, sie lauten:

Nutzen bei „anstrengen": $U = w^{0,5} - 40$

Nutzen bei „nicht anstrengen": $U = w^{0,5}$

Alternativ könnte er auch bei einer anderen Firma ohne Anstrengungen als Angestellter zum Lohn w_{ALT} = 10.000 arbeiten, was ihm einen sog. *Reservationsnutzen* von $U_{ALT} = 10.000^{0,5} = 100$ bringt. Der Reservationsnutzen ist also der Nutzen, den ein Agent erzielt, wenn er keinen Vertrag mit dem Prinzipal unterschreibt.

An den Nutzenfunktionen sehen wir gleich, wo das moral hazard Problem liegt: Für den Agenten ist „nicht anstrengen" immer mit einem höheren Nutzen verbunden, es ist eine dominante Wahl. Mag er im Vorstellungsgespräch noch so engagiert rüber gekommen sein, wenn er erst mal den Vertrag unterschrieben hat und seine Arbeit nicht beobachtbar ist, bevorzugt er die gemütlichere Variante. Wenn der Umsatz niedrig ist, kann er immer noch unwiderlegbar sagen, dass dieses nur Pech sei.

Bevor wir uns nun der Lösung des Problems zuwenden, schieben wir eine Vorüberlegung ein: Wir untersuchen einmal, was bei vollständiger Information passieren würde, also wenn der Prinzipal den Einsatz des Agenten beobachten und bei Abweichung einfordern könnte. Der Prinzipal könnte dann zwei verschiedene Vertragsangebote machen:

– Vertrag, bei dem sich der Agent nicht anstrengen muss. Der Prinzipal muss dann als Lohn soviel zahlen, dass der Reservationsnutzen des Agenten erreicht wird. Wir nehmen an, dass er bei einem identischen Nutzen gegenüber dem Reservationsnutzen einen Vertrag unterschreibt. Der Lohn muss dann w = 10.000 sein. Der erwartete Gewinn des Prinzipals ist:

G = 0,25 × 100.000 + 0,75 × 10.000 − 10.000 = 22.500.

Diese Lösung ist natürlich auch bei unvollkommener Information grundsätzlich erreichbar.

– Vertrag, bei dem sich der Agent anstrengen muss. Der Prinzipal muss einen Lohn bieten bei dem gilt:

$U = w^{0,5} - 40 = U_{ALT} = 100$

Die Gleichung ist erfüllt für w = 19.600.

Der Gewinn des Prinzipals ergibt sich zu:

G = 0,5 × 100.000 + 0,5 × 10.000 − 19.600 = 35.400

Dies ist die „*first-best-Lösung*". Der Gewinn ist höher als bei einem Vertrag, der keine Anstrengung des Agenten verlangt, nur setzt dies einen beobachtbaren Arbeitseinsatz voraus und genau das ist ja nicht der Fall.

Wir wollen nun zeigen, wie man durch entsprechende Anreize den Agenten dazu bringt, sich anzustrengen. Dies geht keinesfalls mit einem konstanten Lohn w, sondern nur mit einer Verknüpfung des Lohns mit dem Umsatz. Es sollte also differenziert werden zwischen zwei Löhnen w(H) und w(N). In der Praxis spricht man oft von leistungsabhängiger Bezahlung, dies ist aber ein falscher Begriff, denn es ist eben nicht eine unbeobachtbare Leistung, sondern das feststellbare Ergebnis, an das ein Lohn gekoppelt werden kann.

Wie finden wir nun die richtigen Löhne? Zunächst müssen wir wieder eine AVB formulieren. Der Nutzen, den der Agent bei Anstrengung erwartet, darf nicht kleiner sein als der Nutzen, wenn er sich nicht anstrengt. Wir unterstellen, dass er sich bei gleichem Nutzen für „anstrengen" entscheidet. In einer Formel ausgedrückt:

(1) $\quad$ AVB: $0,5 \times [w(H)^{0,5} - 40] + 0,5 \times [w(N)^{0,5} - 40]$

$\geq 0,25 w^{0,5} + 0,75 w^{0,5}$

Ferner muss der Nutzen aus der Anstrengung auch größer sein als der Reservationsnutzen. Dies nennt man die *Teilnahmebedingung* (TB), manchmal auch Partizipationsbedingung genannt:

(2) $\quad$ TB: $0,50 \times [w(H)^{0,5} - 40] + 0,5 \times [w(N)^{0,5} - 40] \geq 100$

Die zweite Gleichung beschreibt, was der Prinzipal bieten muss, damit der Agent überhaupt einen Vertrag unterschreibt und die erste Gleichung beschreibt, wie man ihn dann noch dazu bringt, sich bei der Arbeit anzustrengen. Die Gleichungen lassen sich vereinfacht schreiben als:

(1) $\quad$ AVB: $0{,}25 \times w(H)^{0,5} - 0{,}25 \times w(N)^{0,5} \geq 40$

(2) $\quad$ TB: $0{,}5 \times w(H)^{0,5} + 0{,}5 \times w(N)^{0,5} \geq 140$

Dies lässt sich nun relativ leicht auflösen und führt zu:

$$w(H) = 48.400$$

$$w(N) = 3.600$$

Der Agent sollte also bei niedrigem Umsatz nur 3.600 bekommen und bei hohem Umsatz mit 48.400 entlohnt werden. Überprüfen wir, ob unsere Rechnung wirklich aufgeht, indem wir uns in den Agenten hineinversetzen, der den Nutzen seiner Alternativen betrachtet:

Tabelle 43
Nutzen für den Agenten

	Vertrag ablehnen	Vertrag annehmen und nicht anstrengen	Vertrag annehmen und anstrengen
Nutzen U	$U_{ALT} = 100$	$= 0{,}25 \times 48.400^{0,5}$ $+ 0{,}75 \times 3600^{0,5}$ $= 100$	$= 0{,}5 \times 48.400^{0,5}$ $+ 0{,}5 \times 3600^{0,5} - 40$ $= 100$

Den Vertrag anzunehmen hat den gleichen Nutzen wie ablehnen, also wird er annahmegemäß beim Prinzipal unterschreiben. Weiter gilt, dass der Nutzen beim (moralisch verwerflichen) „nicht anstrengen" nicht größer ist als bei Anstrengung. Er wird sich also auch unbeobachtet anstrengen und mit hoher Wahrscheinlichkeit einen hohen Umsatz erwirtschaften.

Der Prinzipal erzielt nun einen Gewinn von:

$G = 0{,}5 \times 100.000 + 0{,}5 \times 10.000 - 0{,}5 \times 48.400 - 0{,}5 \times 3.600 = 29.000$

Vergleichen wir das nun mit unserer Vorüberlegung, sehen wir, dass dies die *„second-best-Lösung"* ist. Der bei vollkommener Information mögliche Gewinn von 35.400 ist als „first-best-Lösung" nicht erreichbar, aber es ist besser als ein Vertrag mit dem Festlohn $w = 10.000$, bei dem sich der Agent nicht anstrengt, da hierbei nur 22.500 als Gewinn anfallen. Die Differenz zur „first-best-Lösung" beträgt 6.400 und diese nennt man in der PAT die *Agency-costs*. Es ist der Preis, den der Prinzipal für die Informationsasymmetrie zu zahlen hat, um das moral hazard Problem zu beseitigen. Für das moralisch einwandfreie Verhalten ist also eine Prämie zu zahlen. Es muss übrigens keineswegs immer so sein, dass das Anreizsystem zur „second best Lösung" wird. Wenn wir das Zahlenbeispiel anders wählen, kann auch der Vertrag, bei dem er sich nicht anstrengt, höheren Gewinn versprechen. Dies ist insbesondere dann der Fall, wenn die Unterschiede in den Ergebnissen zwischen „anstrengen" und „nicht anstrengen" sehr klein sind. Ist eine Arbeit so einfach beschaffen, dass man auch ohne viel Anstrengung nur wenig schlechtere Ergebnisse erzielen kann als bei hoher Anstrengung, lohnt sich oft ein Anreizsystem nicht.

Unser Modell ist natürlich sehr simpel gestrickt, da wir nur zwei Ausprägungen für den Umsatz und nur zwei Wahrscheinlichkeiten eingeführt haben. Wir stellen Ihnen deshalb zum Abschluss ein allgemeines, stetiges Modell vor, das *LEN-Modell*.[58] Der mathematische Aufwand ist zwar höher, aber es lohnt sich, da sich daraus interessante Erkenntnisse für ein Prinzipal-Agenten-Problem gewinnen lassen.

Die Abkürzung LEN steht für die unterschiedlichen Annahmen des Modells. L, für linear, steht für eine lineare Produktionsfunktion:

(1) $$x = z + \text{Störterm}$$

Dabei ist x das Produktionsergebnis des Agenten und z der Arbeitseinsatz. Das Ergebnis x ist linear abhängig vom Arbeitseinsatz, schwankt aber zufällig, wobei der Störterm selber einen Erwartungswert von Null und eine normal verteilte Varianz s^2 hat. Ebenfalls linear ist die Entlohnungsfunktion:

(2) $$w = f + bx$$

Der Prinzipal macht ein Angebot, dass sich aus einem Fixlohn f und einer Beteiligung b (mit $0 < b < 1$) am Ergebnis zusammensetzt. Als Erwartungswert für die Entlohnung kann man wegen Gleichung (1) auch direkt schreiben:

(3) $$w = f + bz$$

Ferner ist der Prinzipal risikoneutral, so dass er eine lineare Risikonutzenfunktion (für die man hier auch Gewinnfunktion sagen könnte) hat:

(4) $$U(P) = x - f - bx = z - f - bz$$

Sein Nutzen U(P) ist also das Ergebnis aus der Arbeit des Prinzipals abzüglich des zu zahlenden Lohnes.

Der Buchstabe E steht für die exponentielle Risikonutzenfunktion des risikoaversen Agenten, der den Lohn positiv bewertet, aber negatives Arbeitsleid von z^2 empfindet:

---

[58] Spremann: Agent und Principal, in: Bamberg, Günter/Spremann (Hrsg.): Agency Theory, Information and Incentives, 1987, S. 3–37 und Holmström/Milgrom: Aggregation and Linearity in the Provision of Intertemporal Incentives, in: Econometrica, 55, 1987, S. 303–328.

(5) $\quad\quad\quad U(A) = 1 - e^{-a \times (f + bz - z^2)}$

Dabei ist a der bekannte Risikoaversionsparameter nach Arrow-Pratt (siehe Seite 53). Das hier eine exponentielle Funktion verwendet wird, dient nur der Vereinfachung. Denn wie wir aus der Entscheidungstheorie wissen, lässt sich diese bei Normalverteilung der Streuung (dafür steht der Buchstabe N) in einen übersichtlichen Ausdruck für eine Nutzenindifferenzkurve verwandeln und dieser lässt sich wiederum nach dem Sicherheitsäquivalent (SÄ) auflösen, das anstelle des Risikonutzens im Sinne des m-s-Prinzips tritt. So kann man Gleichung (5) transformieren[59] in:

(6) $\quad\quad\quad SÄ = f + bz - z^2 - 0{,}5ab^2 \times \sigma^2$

Das Sicherheitsäquivalent ersetzt die Nutzenfunktion, die wir nun nicht mehr brauchen. Wir lösen das Problem wieder von hinten, d. h. wir untersuchen zunächst, wie der Agent sein Sicherheitsäquivalent (als Darstellung seines Nutzens) maximieren kann. Sein Entscheidungsparameter ist der Arbeitseinsatz z. Maximaler Nutzen in Form des SÄ entsteht für ihn bei:

(7) $\quad\quad\quad SÄ'(z) = b - 2z \overset{!}{\longrightarrow} 0$

woraus sich die AVB ergibt:

(8) $\quad\quad\quad$ AVB: $z = 0{,}5b$

Aus dieser Gleichung können wir bereits erste Schlussfolgerungen ziehen:

– Je höher die Beteiligung, desto höher sein Arbeitseinsatz. Maximaler Arbeitseinsatz und Ergebnis entstehen als Randextrema bei b = 1

– Die Höhe des Fixlohns f ist nicht relevant für den Arbeitseinsatz

Setzen wir nun diese AVB (8) in die Funktion (6) ein, gilt für das Sicherheitsäquivalent:

(9) $\quad\quad\quad SÄ = f + 0{,}5b^2 - 0{,}25b^2 - 0{,}5ab^2 \times \sigma^2$

Durch Umformung ergibt sich eine etwas kompaktere Schreibweise:

(10) $\quad\quad\quad SÄ = f + 0{,}25b^2 \times (1 - 2a \times \sigma^2)$

Der Agent unterschreibt auch in diesem Modell wieder nur dann einen Arbeitsvertrag, wenn er mindestens seinen Reservationsnutzen erhält. Wir machen es jetzt einfach und setzen den Reservationsnutzen (m) Null, dann muss gelten: SÄ ³ m ³ 0. Damit lässt sich die Gleichung (10) nach f auflösen und wir erhalten als Teilnahmebedingung (TB):

(11) $\quad\quad\quad$ TB: $f = -0{,}25b^2 \times (1 - 2a\sigma^2)$

---

[59] Zum Beweis siehe wieder: Wolfstetter, Topics in Microeconomics, 1999, S. 347 ff.

- Bei geringer Risikoaversion und/oder geringer Streuung ($2as^2 < 1$) ist sogar ein negatives Fixgehalt möglich! Ob dies realistisch sein kann, werden wir etwas später diskutieren.
- Das Sicherheitsäquivalent ist wegen (10) und (11) immer gleich dem Reservationsnutzen, hier also gleich Null. Der Agent wird unabhängig von seiner Risikoaversion immer so gestellt, dass er genau seinen Reservationsnutzen erhält.

Der Prinzipal sucht nun nach dem Maximum seiner Nutzenfunktion (4), wobei er die AVB (8) und die TB (11) beachten muss. Setzen wir (8) und (11) in (4) ein, erhalten wir:

(12) $\qquad U(P) = 0{,}5b + 0{,}25b^2 \times (1 - 2a\sigma^2) - 0{,}5b^2$

Maximaler Nutzen nach seinem Entscheidungsparameter b ergibt sich bei:

(13) $\qquad U(P)'(b) = 0{,}5 + 0{,}5b \times (1 - 2a\sigma^2) - b \overset{!}{\longrightarrow} 0$

Der optimale Beteiligungsparameter lässt sich nach einigen Umformungen ermitteln zu:

(14) $\qquad b = \dfrac{1}{(1 + 2a\sigma^2)}$

- Der optimale Beteiligungsparameter ist umso höher je kleiner die Risikoaversion und die Streuung ist.
- Der Beteiligungsparameter ist immer positiv. Ausschließlich einen Fixlohn zu zahlen, ist niemals optimal.

Interessant ist auch hier der Vergleich mit der „first-best-Lösung" bei vollständiger Information. In diesem Fall ist der Arbeitseinsatz ein beobachtbarer Parameter des Prinzipals, der keinen Beteiligungsparameter b als Anreiz benötigt, sondern nur ein Fixgehalt f zahlt, um die Teilnahmebedingung zu erfüllen.

Der Nutzen des Prinzipals ist dann:

(15) $\qquad U(P) = z - f$

Das Sicherheitsäquivalent des Agenten ist:

(16) $\qquad S\ddot{A} = f - z^2 - 0{,}5a\sigma^2$

Die TB ist bei einem Reservationsnutzen von Null:

(17) $\qquad f = z^2 + 0{,}5a\sigma^2$

Einsetzen von (17) in (15) ergibt:

(18) $\qquad U(P) = z - z^2 - 0{,}5a\sigma^2$

(19) $\qquad U(P)' = 1 - 2z \overset{!}{\longrightarrow} 0$

Der geforderte Arbeitseinsatz ist also $z = 0{,}5$, wodurch der Prinzipal den Nutzen

(20) $\qquad U(P) = 0{,}25 - 0{,}5a\sigma^2$ erzielt.

Das SÄ des Agenten ist auch hierbei gleich dem Reservationsnutzen von Null:

(21) $\qquad SÄ = 0{,}25 + 0{,}5a\sigma^2 - 0{,}25 - 0{,}5a\sigma^2 \overset{!}{\longrightarrow} 0$

Die „first-best-Lösung" ergibt sich bei einem Arbeitseinsatz von z = 0,5 der aber bei unvollkommener Information nur bei einem b = 1 erreichbar wäre, wie Gleichung (8) zeigt. Die gefundene Lösung ist also für b < 1 wieder nur ein „second-best". Der Unterschied zum „first best", d. h. die agency costs, sind dabei umso größer, je größer die Risikoaversion des Agenten bzw. die Streuung ist.

Bei Informationsasymmetrie kann die first-best-Lösung jedoch für den Sonderfall eines risikoneutralen Agenten mit a = 0 erreicht werden. In diesem Fall wird wegen Gleichung (14) b = 1 und damit z = 0,5. Der Fixlohn ist dann wegen der TB (11) f = – 0,25. Der Agent zahlt also sogar etwas dafür, am Ergebnis beteiligt zu werden! Das ist nicht so absurd wie es auf den ersten Blick vielleicht erscheint, denn es gibt dazu eine Entsprechung in der Praxis: Franchisesysteme, in denen anstelle eines Angestelltenverhältnisses der Geschäftsführer zum selbständigen Unternehmer wird. Er kassiert den Gewinn und zahlt eine Franchisegebühr an den Inhaber. Auch Pachtverträge entsprechen dieser Lösung.

Die folgende Tabelle zeigt für eine Varianz der Ergebnisse von $s^2 = 0{,}5$ die Auswirkung auf die wichtigsten Größen des Modells in Abhängigkeit unterschiedlicher Risikoaversionen:

Tabelle 44
LEN-Modell

Risikoaversion a	First Best	0	2	4	6	8
Beteiligungs-Parameter b	0	1	0,5	0,33	0,25	0,20
Fixgehalt f	– 0,25	0	0,03	0,03	0,03	0,03
Lohn w	0,25	0,25	0,13	0,08	0,06	0,05
Produktion x/ Arbeitseinsatz z	0,5	0,5	0,17	0,13	0,1	0,08
Nutzen Prinzipal	0,25	0,25	0,13	0,08	0,06	0,05

– Je höher die Risikoaversion des Agenten desto geringer ist der optimale Beteiligungsparameter, da er um so weniger in diesen unsicheren Lohnbestandteilen einen Anreiz sieht, je größer seine Abneigungen gegen Risiken sind. Damit sinkt aber auch sein Gesamtlohn und sein Arbeitseinsatz.

– Der Prinzipal hat einen umso größeren Nutzen aus der Tätigkeit des Agenten, je geringer dessen Risikoaversion ist. Idealerweise ist der Agent genauso risikoneutral und damit unternehmerisch eingestellt wie der Prinzipal. Dies führt nicht nur zum maximalen Nutzen des Prinzipals, sondern auch zu maximaler Produktion. Damit ist dies auch gesamtwirtschaftlich der beste Fall: Eine Gesellschaft risikoneutraler Unternehmerpersönlichkeiten erzielt den höchsten Output!

Obwohl dies nun mathematisch schon anspruchsvoller ist, lässt sich auch hierbei über den Realitätsgehalt solcher Modelle noch kräftig streiten.[60] Wenn wir es jedoch noch realitätsnäher haben wollen, wird es auch noch komplizierter und deswegen wollen wir es hierbei bewenden lassen. Der Leserwunsch nach einer überschaubaren Seitenzahl einer anwendungsorientierten Einführung ist zudem ein äußerst gutes Entscheidungsargument, unsere Betrachtungen mit diesem Modell zu beenden.

---

[60] Zur Diskussion zum LEN-Modell siehe insbesondere Müller et al.: Agency-Theorie und Informationsgehalt, in: Betriebswirtschaft 55, 1995, S. 61–76.

Quellenverzeichnis

Akerlof (1970): The Market for Lemons: Qualitative Uncertainty and the Market Mechanism, in: Quarterly Journal of Economics 84.

Arrow, Kenneth J. (1964): The Role of Securities in the Optimal Allocation of Risk-Bearing, Review of Economic Studies.

Arrow, Kenneth J. (1985): The Economics of Agency, in: Pratt et al., Principals and Agents: The structure of Business.

Axelrod, R. (1980): Effective choice in the prisoner's dilemma, Journal of Conflict Resolution.

Axelrod, R. (1987): Die Evolution der Kooperation.

Baron, J./*Ritov*, I. (1994): Reference points and omission bias, Organizational Behavior and Human Decision Processes, Vol. 59.

Bayes, Thomas (1763): An Essay Towards Solving a Problem in the Doctrine of Chances, in: Philosophical Transactions 53.

Bernighaus/Ehrhart/Güth (2002): Strategische Spiele.

Bernoulli (1738): Specimen Theoriae Novae De Mensura Sortis. Commentarii Academiae Scientarium Imperialis Petropolitanae V.

Binz (1981): Entscheidungstheorie.

Breuer et al. (2004): Portfoliomanagement.

Camerer/Fehr (2006): When does Economic Man Dominate Social Behavior, Science 311.

Eisenführ/Weber (2003): Rationales Entscheiden.

Feess (1997): Mikroökonomie.

Fehr/Schmidt (1999): A Theory of Fairness, Competition and Cooperation, in: Quarterly Journal of Economics.

Forsythe et al. (1988): Replicability, Fairness and Pay in Experiments with Simple Bargaining Games. Games and Economic Behavior 6, 1988.

Freund, R. (1956): The Introduction of Risk into a Programming Model; Econometrica, Vol. 5.

Fuldenberg/Tirole (1991): Game Theory, MIT Press, Cambridge.

Goldberg/v. Nitzsch (2004): Behavioral Finance.

Güth (1999): Spieltheorie und ökonomische (Bei)Spiele.

Güth/Schmittberger/Schwarze (1982): An Experimental Analysis of Ultimatum Bargaining, in: Journal of Economic Behavior and Organization 3.

Harsanyi: Games with Incomplete Information Played by Bayesian Players, Management.

Harsanyi/Selten (1988): A General Theory of Equilibrium Selection, in: Games. MIT Press, Cambridge.

Hoffmann et al.: Preferences, Property Rights and Anoymity, in: Bargaining Games. Games and Economic Behavior 7.

Holler/Illing (2003): Einführung in die Spieltheorie.

Holmström/Milgrom (1987): Aggregation and Linearity in the Provision of Intertemporal Incentives, in: Econometrica, 55.

Hurwicz, L. (1951): Optimality Criteria for Decision Making under Ignorance, in: Cowles Commission Paper, Statistics, No. 370.

Jost (Hrsg.) (2001): Die Prinzipal-Agenten-Theorie in der Betriebswirtschaftslehre.

Kahneman/Tversky/Slovic (1982): Judgment under uncertainty: Heuristics and biases.

Laplace, P. S. (1812): Théorie analytique des probabilités, Paris.

Laux (2003): Entscheidungstheorie.

Luce/Raiffa (1957): Games and Decisions: Introduction and Critical Survey.

Müller et al. (1995): Agency-Theorie und Informationsgehalt, in: Betriebswirtschaft 55.

Nash (1950): The Bargaining Problem, Econometrica 18.

Nash (1953): Two-Person Cooperative Games, Econometrica 21.

Niehans, J. (1948): Zur Preisbildung bei ungewissen Erwartungen, in: Schweizerische Zeitschrift für Volkswirtschaft und Statistik (84).

Pratt, J.W. (1964): Risk Aversion in the Small and in the Large, Econometrica 32.

von Randow (2004): Das Ziegenproblem.

Riechmann, Thomas (2002): Spieltheorie.

Rieck (2006): Spieltheorie.

Rothschild/Stiglitz (1976): Equilibrium in Competitive Insurance Markets: The Economics of Imperfect Information, Quarterly Journal of Economics 90.

Savage, L.J. (1951): The Theory of Statistical Decisions, in: Journal of the American Statistical Association (46).

Schumann (1967/68): Grundzüge der mikroökonomischen Theorie, 1980, Science 14.

Selten, Reinhard (1978): The Chain-Store Paradox, Theory and Decision, 9.

Spence (1973): Job Market Signaling, in: Quarterly Journal of Economics 87.

Spremann (1987): Agent und Principal, in: Bamberg, Günter/Spremann (Hrsg.), Agency Theory, Information and Incentives.

Spremann (2008): Portfoliomanagement.

Stobbe (1983): Volkswirtschaftslehre II, Mikroökonomik.

Tucker, Albert W. (1980): The Prisoner's Dilemma, Journal of Undergraduate Mathematics and its Applications.

Wald, A. (1950): Statistical Decision Functions.

Wolfstetter, E. (1999): Topics in Microeconomics.

Philipp Bunnenberg

Finanzmarktrisiken durch ETFs und Closet Indexing

Eine empirische Analyse des deutschen Aktienmarktes

Die Diskussion um angemessene Gebühren für aktives oder passives Fondsmanagement betrifft die Frage nach einer adäquaten Leistungsbewertung, einer risikoadjustierten Performancemessung als Grundlage für finanzielle Anreize von Fondsgesellschaften. Die Arbeit ist ein Beitrag zu einer grundlegenden Diskussion der Kapitalmarktforschung, dem messbaren Erfolg »aktiver versus passiver« Investmentstrategien.

Der Autor setzt sich kritisch mit den wesentlichen Anlagestrategien und Modellen für Indexprodukte auseinander, aber auch mit bekannten Studien zur Regulierungspraxis zwecks Eindämmung des Closet Indexing bei aktiv gemanagten Investmentfonds. Das Ergebnis dieser Forschungsarbeit wirft ein neues Licht auf Closet-Indexing-Aktivitäten der analysierten europäischen UCITS-Vehikel. Closet Indexing tritt nicht wie allgemein angenommen nur sporadisch auf, sondern ist eine weit verbreitete Anlagestrategie in vielen vermeintlich aktiv gemanagten Aktieninvestmentfonds.

Schriftenreihe Finanzierung und Banken, Band 32
zahlr. Tab. u. Abb., 287 Seiten, 2022
978-3-89673-776-2, € 99,90
Titel auch als E-Book erhältlich.

Edition Wissenschaft & Praxis

Printed by Libri Plureos GmbH
in Hamburg, Germany